宅在家，多自在

從今天起，過簡單的自在生活

40歳からのシンプルな暮らし

金子由紀子——著　林美琪——譯

本書為《四十歲起，簡單過生活》改版書

為即將邁向下個階段——四十歲旅程的妳而寫

我六歲時，當時的偶像歌手南沙織的《十七歲》這首歌曲大大走紅，輕快的旋律讓每個小孩心中都充滿了美麗的幻想——「十七歲，好棒啊！」

不過，同時也會擔心「過了十七歲，不就什麼好玩的事都沒了？」對小孩子來說，超過十七歲的女生全都是「歐巴桑」。而身邊的歐巴桑們總是又忙又愛碎碎念，也都不打扮，才會讓小孩子這麼想吧！「難道變成歐巴桑後，看見春花就不再目眩神馳，也不再雀躍地等待冬雪了嗎？不，不是這樣的！」

這麼想的我，如今正值了不起的四十歲後半。變成歐巴桑的我，現在對春天、冬天都無感，整天只是抱怨連連嗎？才不呢！

即使過了四十歲，花兒還是一樣美，看吉本新喜劇照樣捧腹大笑，也好想要漂亮的衣服！小田切讓依然帥斃了！這世界一點都沒失去色彩啊！

只不過，累積下來的人生種種，背負的、承擔的東西增加，讓生活日漸煩雜，於是受不了這些壓力而覺得「好累啊！」的時候變多了，這是事實。

但，四十歲，我的人生才過一半呢。這時候，該把「應該繼續帶著的東西，以及應該卸下來的東西」好好做個分類！有些東西妳會擁有到最後一刻，但有些東西卻無法跟妳一輩子。東西如此，人際關係也如此。

本書，是為了和我同樣走在四十歲旅程中的好朋友，以及即將邁向四十歲旅程的好朋友們而寫的。希望能夠幫助妳在身心上都更輕裝簡從，好好享受四十歲之旅吧！

目錄

CONTENTS

CHAPTER 2

一身輕，多自在

CHAPTER 3

宅在家的時間很重要

CHAPTER 4

CHAPTER 7

健康總整理

CHARTER 1

過簡單自在的生活

年輕就像冰淇淋上的配料，吃完上面的巧克力或水果後，露出來的就是冰淇淋的本質了。年輕這個配料，過了二十歲、三十歲便如夢幻泡影，到了四十歲，就得完全憑冰淇淋本身決勝負。

你幸福嗎？

我，今年剛好處於四十歲時期的中間。二十歲時的我，想都沒想過四十歲的事！所謂四十歲，就是身心都成熟、判斷力最強的「歐巴桑」；身上不是掛著圍裙就是穿著套裝，不是趕家長會就是衝業務會議，其餘到底在忙些什麼根本無法想像的種族。

而我竟來到了這樣的四十歲！其實，我成為四十歲世代的心聲是：「嗯，不賴嘛！還挺不錯呢！」已在職場安身立命，已在住所落地生根，也早就習慣工作、家長會和自治會的活動，雖說多少有點年老力衰，但從事旅行和運動的體力還是很夠的，即便還得養兒育女，可愈來愈多人會覺得比從前輕鬆些，於是外出玩樂的機會也變多了。最讚的是，和年輕時相比，已經沒有那種莫名其妙的自我意識和緊張感，因為不ㄍㄧㄥ，就輕鬆、自由多了。所以我覺得，在各種意義上，這都是個美好的歲數！

憑良心說，現在是我人生中最快樂、最自在的時期。

二十歲、三十歲的我，說到「等我到了四十歲……」之類的話就感到喪氣，而今我真想對當年的自己說：「才沒那麼恐怖，很開心啊，快點來！」

當然，也有不盡如人意的時候。

到了四十歲，身材走樣了，斑和皺紋也跑出來了，（原本就）沒男人寵。房貸和孩子的教育費用負擔沉重，於是老跟家計簿大眼瞪小眼。對照那什麼保養都不必就肌膚光潤水嫩，而且有錢又有閒的年輕時光，唉，真令人懷念！

然而，彌補那些負面因素綽綽有餘的魅力，就在四十歲！但不這麼認為的人似乎也不少。

這之間的落差在哪呢？

四十歲的人都認為「還是從前好……」

我要向全世界大聲說：「四十歲好幸福！現在最棒了！」和我有同感的四十歲姊妹們愈來愈多，但這陣子突然「還是從前好……」、「人生好想再重來一次啊……」發這種牢騷的人也不少，這是事實。

就連過過自我充實、出國旅行這種多彩多姿的OL生活後，和在一流企業任職的男友結婚，有可愛的孩子，人生似乎隨心所欲的人，也會哀怨：「孩子們大了，已經不需要我陪在身邊，這時才意識到自己什麼都沒有。還在職場的同期友人，有人升上主管，有人自行創業……。我很愛我的家人，但總覺得我的人生全被老公孩子綁住了。我的人生到底該如何呢？」

以優異的成績大學畢業，然後進入理想企業，能力受到肯定，成為破例擢升的女性主管：「我才不要結婚呢！」年輕時對婚姻一笑置之，但現在看到把孩子教養得很優秀、把家庭經營得很溫馨的人，就會懷疑自己是不是放棄了人生中的大事，而若有所失……。

原本有一份很喜歡的工作，但因為懷孕生產而離職，專心照顧孩子幾年後，又回去兼差，如今家庭事業兩得意的人，也會：「本來我打算生完孩子後繼續工作的，但孩子三天兩頭生病，時不時托兒所打電話來說『妳家寶貝發燒了』，要我快趕過去，這時就會遭同事射來『成不了戰力』的冷光。即便不想辭職，可有千萬個不得已，只好說服自己目前以育兒為優先。和孩子『相依為命』的日子好孤單啊！待孩子上幼稚園後，我便重回職場，可才剛上班，就發現懷了第二胎！由於時隔六年，加上吃了年齡的虧，能夠工作的地方很有限。目前，我在住家附近兼差好方便照顧孩子，但其實這並不是我真正想做的工

＊　一九六〇年代在日本出現的一種國民意識，在一九七〇和一九八〇年代尤為突顯。在「終身僱用制」下，九成左右的國民都自認為中產階級。「消費是美德」、「金滿日本」成為當時的社會風氣。

作！」

明明一看就家庭幸福美滿，或者以企業人之姿正在克盡社會責任，根本沒什麼好抱怨的人，竟也說：「我的人生就要這樣過嗎？」

事實上，根據京都大學研究所楠見孝教授們所做關於「懷念」的研究，女性到了四十歲，回答「從前比較幸福」的比例一下竄升上來。

從前真的比較幸福嗎？

也許，女性的生活方式變得多彩多姿，也是造成這種調查結果的原因之一吧！在我小時候（大約在一九五〇年代左右），那個年代的四十歲女性，正如一開始我說的，就是不折不扣的「歐巴桑」：歐巴桑髮型、歐巴桑衣服、歐巴桑行為舉止。「一億總中流」＊的時代為期甚久，因此沒有極端的貧富差距，大家都有差不多的生活水準，而女性一到四十歲，就全被貼上「歐巴桑」標籤了。

不過，現在我周遭的女性朋友，四十世代其實有很多種。

「婚後成為家庭主婦，有兩個孩子」這種昔日的典型明顯減少，「離婚後沒拿到贍養費，自己獨力扶養孩子的新時代媽咪」、「歌頌單身生活的企業女強人」、「一邊打工一邊照顧家人，行有餘力就盡情投入興趣中的單身女性」，這類在昭和時期極為罕見的四十世代女性比比皆是。她們過著多樣的生活，而且得到認可，這也是女性獨立所贏得的成果！

女性的選擇

人生就是一連串的選擇。而選擇的結果就形成目前的狀態。至於女性人生中最大的選擇，不外乎：

「職業」

「結婚」

「生產」

不過，二十歲、三十歲時是否選擇這些，以及選擇的結果，大約要到四十歲才看得出來。和十幾二十歲學生時代一起嘰嘰呱呱又笑又鬧的同學們猛一見面時，會驚覺彼此的人生簡直是「分道揚鑣」了。也許是自己的無數選擇之一，當見到哪個同學也做了這項選擇時，「這樣真的好嗎？」「說不定我會變成那樣的……」這種想法浮上心間，於內心深處開始不安地翻騰——於是產生這類消極的想法，認為不會有那種莫名情緒的「從前」比較「幸福」吧！

人生的選擇，其結果形形色色，也未必都能如當初所願。不過，無論再怎麼懷念「還是從前好……」，都無法重新來過。而我認為無法重來的人生才更棒，正因為如此，快樂的光彩能更繽紛閃耀，而且同樣的痛苦不必再次經歷！

為了將來不後悔，請趁早「盤點」！

年輕就像冰淇淋上的配料

女兒就讀國中時，那年齡的女孩子全是「AKB48」的粉絲。小敦好可愛啊！大島（優子）超正的！簡直愛死她們了！但，對四十歲的我來說，根本搞不清楚誰是誰。她們個個都很可愛，可看起來不都一樣嗎？會這樣，正因為我是「歐巴桑」吧！年輕就是美。其實年輕時，誰不被內心的自卑感打敗，但旁人看來，每個女孩子的秀髮和肌膚全是那樣光滑閃亮，於是不由得懷疑：「神啊！你真的公平地給每個女孩『年輕』這項禮物嗎？」

然而，年輕就像冰淇淋上的配料。吃完上面的巧克力或水果後，露出來的就是冰淇淋的本質了。年輕這個配料，過了二十歲、三十歲便如夢幻泡影，到了四十歲，就得完全憑冰淇淋本身決勝負了。真要說起來，我認為四十歲是去掉年輕這個過多或搶眼的裝飾後，讓人看見本質的歲數。

二十歲、三十歲的選擇所累積的結果，正是四十歲的自己。

如果妳對目前的生活感到徬徨或不願接受，那麼，不妨趁現在對自己來場總「盤點」吧！不消說，盤點就是核對現實的庫存與帳目來計算盈虧，並掌握適當的庫存量，是企業要健全經營的必要工作。身為人，活了四十個年頭，無論存在頭腦或內心裡的東西，總難免雜亂無章，說不定還庫存過量呢！自己的腦中和心中到底有些什麼？自己到底想幹什麼？然後該怎麼做才好？——把這些都想清楚了，接下來的十年、二十年，日子才會好過些！

將「加法」人生改為「減法」人生！

雖然不再有二十歲時的自我意識過強、三十歲時的凡事操之過急，但到了四十歲，新背負的東西應該還是不少。正因為四十歲是整個世界的中堅分子，不管妳喜不喜歡，都得背負許多東西。

一直在職場打拼的人，背負了更多的責任。

有家庭的人，身兼對家人以及社區的各種義務。

有孩子的人，隨著孩子成長而來的各種教養工作。

對老了的父母，也該負起照顧的責任。

因而再也不能依賴父母和上司，只有被依賴的份而已。就某個意義來說，說不定四十歲才是人生正式演出的真槍實戰！也因此，四十歲可以說是無論如何都要抓住這、抱緊那，而往往累積過多的歲數吧！

就算沒這麼嚴重，經過了四十年歲月，不論生活空間或內心深處，累積很多東西是自然而然的；反過來說，正是這些東西的積累而形成我們目前的人生、一路支持著我們。

然而，之前或許不認為，但日後會漸漸——說不定已經——開始認為這些東西的重量「好累人……」，這是因為我們為了工作和家庭、為了周遭的期待所背負的東西一天一天增加的緣故。

東西過多，看起來似乎和精神上的負荷無直接關係，其實大有影響。待在東西堆積如山且沒整理的房間便會心浮氣躁，但待在僅有「壁龕裡擺花掛畫」的寬敞和室裡，或者採白色基調的現代旅館房間中，就會不由得深呼吸起來。

如果妳總是思緒零亂且不得要領的話，搞不好就是這些被妳囤積下來的一大堆東西正透過視覺干擾妳，讓妳無法靜下心來思考。

「那個不做不行……」

「也想做這個……」

「那是放在什麼地方吧？」

「這個該怎麼辦好？」

……老是老是，這些無法理出來的頭緒在腦袋瓜裡像漩渦般直打轉，結果什麼也做不成。這狀況就如同亂七八糟的房間一樣，腦袋瓜裡要是也雜七雜八堆積如山，就會落得無法收拾了。

而且隨著年齡增長，各種令人操心的現實問題愈來愈多（孩子的教養、錢、父母、自己年老後……）。就算是體重，要是一下暴增，就會造成膝蓋和內臟的負擔吧？心的情況不也一樣？自己的容量沒變，偏偏裝進去的東西突然增加，漸漸地骨頭開始吱吱作響，放著不管的話，搞不好哪天就骨折了。

心，也有體力極限

心，當然也是有體力極限的！房間雜亂會影響到大腦思考，而這種情形同樣會發生在心上……為了避免這種情形，就趁這個機會進行「盤點」吧！看到多出來的負擔，務必除之而後快，否則，持續抱著不可承受之重，腳步和判斷力都會遲鈍，一旦發生問題時，恐怕為時已晚而追悔莫及了。

現在必須做的，就類似「尾牙前的節食」一樣。為了好好享受這場絕妙的四十歲派對，請檢視一下目前累積下來的東西、一肩扛起的工作、人際關係等，把該清的全都清理掉；身心輕鬆後，再配上適當的新裝備，朝未來的旅程出發！

CHARTER 2

一身輕，多自在

減少東西，就會減少煩惱，用「減法」原則來生活：安排人生的優先順位、將想清理掉的事物列表出來，今後的人生，就會起偌大的變化！

＊ 阿拉佛：日文為「アラフォー」，讀音為 arafo，是 Around 40 的簡稱，指四十歲前後的女性。這個複合式造語獲選為日本二〇〇八年「新語、流行語大賞」年度大賞的得主。

你想擺脫哪些煩惱？

在「盤點」之前，應該先了解四十歲女性究竟為何煩惱、究竟想擺脫掉哪些困擾？

二〇〇八年，《Around 40》（熟女在身邊）這齣連續劇大受歡迎，「阿拉佛」（アラフォー）＊這個意指四十歲左右女性的流行語就是從這裡出來的。女主角是由天海祐希飾演一名單身貴族，和她的朋友由大塚寧寧飾演的 DINKS（頂克族，雙薪且沒有小孩的夫婦）人妻，以及由松下由樹所飾演的家庭主婦，她們各有各的生活，很能引起同世代女性的共鳴。

謳歌單身生活組的煩惱

✳ 邀學生時代的死黨出遊，對方可能忙於小孩考試或家庭旅行，時間和日期總是喬不攏而最後拉倒，無聊死了。

✳ 老實說，結不結婚都無所謂，但想要有自己的小孩。年紀愈來愈大，看到朋友的小孩便若有所失。

✳ 到了這年齡，雖然父母早就放棄了，但如果能結婚就能滿足他們所願。總覺得自己不孝而過意不去。

✳ 離過一次婚。也有再婚的意思，但怕再重蹈覆轍而躊躇不前，事實上頗後悔。

✳ 身為獨身女。一想到老後無依，就不由得孤單落寞。

DINKS 組的煩惱

✳ 最近比較不常被問到了，但之前老是被追問「還沒有寶寶嗎？」，現在還是常常會被問到白目的問題。

✳「沒小孩的人是不能理解的」、「沒有小孩，能夠很優雅，好棒啊！」諸如此類來自有小孩的家庭主婦的挖苦，到現在還很刺耳。

✳ 流產過幾次，都沒能順利產下寶寶。對老公很抱歉，總是一想到就落淚。

上班↓結婚↓生產↓辭職組的煩惱

✳ 本來打算生產後仍繼續工作的，但寶寶身體太弱，不得不打消這念頭。以復職為目標而考取資格了，但幾乎找不到正職……。

＊家事、照顧孩子、教養工作、和親戚往來，全部是我的工作，就連照顧父母這差事也都推給我？

＊小孩不讀書，整天就是打電動，急死我了。

＊老公充分享受他的興趣，而我連偶爾要和朋友出去一下，都得老早老早事先安排好才行！太不公平了！

上班↓結婚↓生產↓繼續上班組的煩惱

＊只有一個孩子。原本想再生一個的，但考量到經濟問題，也覺得難以兼顧工作，於是放棄了。現在好後悔。

＊一邊工作一邊照顧三個小孩。我老公既不做家事也不照顧孩子，是個什麼都不做的沒用的死鬼！嫁給這種男人是我人生中最大的敗筆，但在孩子長大成人之前，還得

咬牙忍耐著不離婚……。

＊我和老公以及公婆一起開店。每天忙於工作和照顧孩子，家裡又堆了一大堆要賣的東西，就先不整理了。好想成為家事一把罩的家庭主婦呢！

俗話說：「外國的月亮比較圓」。看起來很優雅的單身貴族和DINKS，最有安定感的有小孩的家庭主婦，以及什麼都有的宛如人生勝利組的有小孩的職業婦女，其實都各有各的煩惱！

接下來，這些是所有人共同的煩惱：

＊（老公、孩子、其他家人、自己的）東西過多不整理。

＊捨不得丟東西。

抱怨這些的人最多，也算是四十歲的特徵吧！家人、工作、時間等等煩惱的原因與解決方法，都會因東西太多而干擾我們去思考。

✶減少東西，就會減少煩惱：減法人生的基準

即使同為女性，四十歲也有好幾種類型。有人如衝浪高手般，在驚濤駭浪中闖關難過關關過，也有人悔恨人生如一灘死水，終日哀嘆過去。

我倒是因為能夠一帆風順地迎接四十歲而充滿了感恩。那是因為在三十歲前半，我為這些事可是吃足了苦頭！我在二十歲後半成為一名自由工作者，雖然存不了什麼錢，生活倒還過得去，一人飽全家飽

的日子樂逍遙。赴現場演奏會和舞臺劇，閒逛到最後一刻才進場，或是突然到海外出差，都不會給人添麻煩。那真是個二十四小時只供自己使用，現在看來猶如夢一般的時代！

這樣的我，在三十歲結婚。即便開始跟小我三歲的老公一起生活，狀況也沒什麼改變。兩個大人一起過日子，並不太需要牽就對方而壓抑自己想做的事。由於我是在家工作，就多分擔了些家事，但仍然過著以工作和玩樂為主的生活。

整個生活一百八十度大翻轉，是從三十三歲生小孩之後開始的。當然，我已經有某種程度的心理準備，但有小孩的生活還是這麼混亂加疲憊，明明生下來是一絲不掛的，偏偏寶寶的衣服和玩具不覺間就攻占我那狹窄的家，收的全是寶寶的東西。嬰兒服按理說只有大人衣服的四分之一小，但不知怎麼搞的，洗衣服的量卻變成四倍。即使這樣，當寶寶還只會咿咿啊啊時倒還好，一旦活潑好動後，總是拿到東西就往嘴裡塞，還會打開令人意想不到的地方，然後把令人意想不到的東西往嘴裡塞！嬰兒這個生物變成眼睛片刻都離不開的危險物。也沒法好好睡個覺，外出就是推嬰兒車上超市或小兒科，不愛吃的離乳食品到處亂丟，地上總是黏了一堆乾掉的碎屑……。

此外，就在這個時期，老公開始晚回家了。三十歲與其說是勞動力旺盛，不如說是耐操力旺盛。被迫付出與薪水不成比例的工作量，還不得不加不合理的班。身為人妻，多麼盼望老公能早一刻鐘回來幫忙，但唯一能求援的老公總是搭末班車回家。回家後早已疲憊不堪，別說幫忙照顧寶寶，連開口關心一下的力氣都沒有；這時老婆又要怪老公總是不聞不問了。

我們家的情形也差不多。我原本打的主意是，只要不出門採訪，生產後還是能在家繼續工作，可沒想到照顧寶寶會累到讓人吃不消，就算難得有工作上門，漸漸地也就推掉了。自然而然，我變成了休業狀態，因而一邊慨嘆不該變成這樣，一邊又坐困雜亂不堪的家中，老是心浮氣躁、愁眉不展。

雖然這只是我個人對生兒育女的體驗，但即便沒選擇結婚生子，和我有類似經驗的，應該還是大有人在吧！開始過另一種新生活，或多或少都會承受壓力；此時，若居家環境不良，心情也必定會大受影響，人生便陷入負面的漩渦中打轉。

小朋友好可愛，光看他們超逗的模樣就幸福滿百！生產前我所想的：

✳ 生產後也要繼續工作。

✳ 和老公同心協力做家事和照顧孩子。

這個理想畫面完全被打碎而陷入低潮的我，每天就只是推嬰兒車往返於公園和超市，過著抑鬱寡歡的生活。

不過，一旦陷溺到某個程度，人似乎就會感到厭煩。有一天，我靈機一動：「不整理家裡，是因為東西一直在增加。那麼就減少東西吧！」剛好產後的體力已經恢復，我便趁寶寶睡覺的空檔，開始大肆清理物品。

一堆學生時代的教科書；旅行紀念的民俗藝品；有點破而且顏色醜斃的收納箱；同一角度的照片；單純通知搬家的信件等等，我打算把該清的徹底清理掉，便挽起袖子開始整理了。這些塵封已久的東西中，凡是看起來還能用的，就在地方報紙上刊登廣告尋找需要的人，或者跟妹妹一起上跳蚤市場把它們買了，最後才把沒地方送的東西丟掉。結果，家裡一整個清爽！

「已經沒有該丟的東西了！我不要再把家裡搞得亂七八糟了！」我的心情無比地清新舒暢。

然而一年後，當我不經意地注意到時，家裡又是一團亂了。於是把去年做過的事再做一遍，家裡又再度煥然一新！不過，遲鈍如我也注意到了，「就算一丟再丟，家裡還是會亂，東西還是不停在增加。原本以為只要把東西丟掉就行了，但恐怕問題是出在我自己身上吧？」

這種時候，只要想想自己丟掉的東西，以及留著會造成困擾的東西到底是什麼？

＊因為沒時間，心想「這個就好了」而隨便買下的東西。
＊因為大拍賣，存著「撿便宜」的心態而買的東西。
＊「三個一千圓」、「兩件五百圓」之類的，但其實一個就夠了，偏偏得一次買兩個或三個的東西。
＊免費贈品。

換句話說，沒有確實做好價值判斷就輕易入手的東西，全是「不需要的東西」。問題就出在購買方式和取得方式。

徹底覺悟到這件事後，漸漸地，我買東西的方式改變了。從前我若需要什麼，就會馬上去買，而且還會以「愈便宜愈好的東西」、「含量比較多的東西」、「折價率高的東西」為選購標準。此外，免費贈送的、自家人或朋友說「可以的話就送妳」，這類幾乎無條件就能取得的東西，當時也都是抱著「如果用不到就丟掉」的念頭而拿的。

當我發現正是這種購買方式和取得方式讓我家裡變得亂七八糟、擁擠不堪、難以生活時，我就改成：

✳ 購買之前，用「借用、代用」之類的方式，盡可能找出不必買也能解法的方法。

✳ 決定購買之後，盡可能不買一時將就使用的東西，而是買能長期使用、即使不用也能送給需要的人的東西。

✳ 最後會用不完的話，就不買便宜且含量多的東西，而是買價錢相同但分量能夠用完的。

✳ 只要自己不喜歡，再怎麼高價的東西，即使免費也不拿。

於是，就像上跳蚤市場把東西賣掉似的，雖然不是一下子，但漸漸地，家裡變得清朗起來了。當然，亂還是會亂，但不再像從前那樣雜亂無章得到處都是，整理上便輕鬆多了。而且，東西的總量也愈來愈少了。

這麼做以後，第一胎產後的數年間，生活逐漸安定下來，生第二胎時，就比較能用不是被懲罰的心態來迎接寶寶了。此後，我一直秉持這種「減法」原則來生活，相信這是讓我之後的人生過得更輕鬆的原因。

訣竅1　安排人生的優先順位

家裡要是一眼望去全是礙眼的東西且雜亂無章時，就會老是焦躁不安，鬱悶的情緒不得排解。

但隨著東西減量，空間變寬敞了，視野便會宛如煙消霧散般，心情自然也豁然開朗。把東西整理得井然有序，腦袋能夠進行思考後，原本淤塞住的東西就會動起來，然後隨著思考而流暢了。

有兩個孩子後，雖然家事和育兒工作都增加了，但只要減少管理和整頓過多雜物的工夫，反而變得更輕鬆！

能掌握什麼東西放在什麼地方，就能找人幫忙了。例如因為採訪而不得不外出時，就能請臨時保姆來家裡幫忙帶孩子了。

像我們這種自由工作者，一旦停掉工作，要再開始並不容易。可我心底一直有個聲音，希望自己能再去找工作，能在可能的範圍內繼續工作下去，即使案子不多也沒關係。

這時，我意識到的是「要安排人生的優先順位」。

雖然很想繼續工作，但我目前最該擺在第一優先順位的，再怎麼說都是孩子們。犧牲孩子們的健康和成長來換取工作是本末倒置的；和孩子相處的時間絕對不工作。而且，要嚴守交稿時間，還不能接太多工作，否則會削減自己的睡眠時間。我做了以上的抉擇。

抉擇清楚後，不但能避免工作上出狀況，照顧孩子時也不會心浮氣躁了。至於優先順位以下的其他家事，例如三餐好像千篇一律、打掃似乎太過馬虎，也決定不管那麼多了。能夠切割得如此俐落乾脆，我想就是因為我把家裡的東西減量並加以整理，藉此也把腦袋瓜整理一遍的緣故。

生小孩前我原本就打算產後繼續工作的，做了上述那些改變後，如今我得償宿願，而且和一樣忙得不可開交的老公之間，也恢復了昔日融洽的關係。

如果懷著「就只有我一個人犧牲……」這種悲劇女主角心態時，我對不能幫忙（其實是沒有餘力幫忙）家事和照顧孩子的老公，總是怨怒以對。而今，家裡一切就序，我便能清楚分辨出老公做得到和做不到的事，然後把他做得到的部分交給他就行了。

將事物減量具有一種效果，就是能清楚看出哪些事物對自己其實並沒那麼重要。如此一來，自然能判斷出哪些是該做的、哪些不做也無所謂了。

三餐盡量自己做，但不做太費工的。

每天都要整理，但大致打掃一下就行了。

家事要家人共同分擔，但不能要求太高。

「無事一身輕」，某個意義上，也許正是死心斷念。或者應該說，是「現實與理想的妥協」吧！

常說「四十歲的判斷力最強」，事實上，能到達這種境界的人似乎並沒那麼多。但如果將「判斷力」看成是「與現實妥協」的話，那麼這的確是四十歲需要的生存能力。

將東西減量只是一個開始，為了讓未來的生活更怡然自得，何不嘗試看看呢？

訣竅2　將想清理掉的事物列表出來

現在，妳的生活能見度高嗎？

或者，有些多餘的事物阻礙著妳想做的事、阻礙著妳去發現妳想做的事呢？

將生活環境整理得清爽舒適，連帶著也有將鬱悶的心情一掃而空的效果。不過，可不能光是籠統地在腦中閃著「想清理……」的念頭而不具體行動喔！

因此，請思考「想從生活中清理掉的東西」，不限於「東西」，然後將它們表列出來吧（見第52頁表格）。

「並非真的喜歡，但一直不情願用著的東西」、「雖然壞了，但怕麻煩就沒丟，結果變成占空間的東西」、「也不知為什麼會有，而且沒在使用的東西」、「已經沒有用了的東西」，以及「不想做的家事」、「想切斷的人際關係」、「想拒絕的工作」這類想從自己的人生中清理掉的事和物。

即便寫出來了，也不代表就要將它們全部清得一乾二淨，畢竟有些事物是一旦清理掉，日子就過不下去了，況且有些工作和人際關係，是怎麼也無法斷絕的。

但只要寫出來，就會意識到——

「啊，原來我不喜歡這個！」

「原來我覺得沒有這個也沒關係！」

而確認出自己真正想要的，並進而確認出適合自己的事物，然後思考：「若要清理掉的話，該從哪一個先開始呢？」安排出優先順序後，就有將心動化成具體行動的力量了。列表雖然不代表就能具體執行，但其實相當重要。

第52頁只是列表的範例，或許實際上還需要更大的空間！果若如此，廣告傳單或日曆的背面都可以，使用專用的筆記本當然也行，請將妳想清理掉的事物列表出來，如果重寫或修改好幾次的話，表示這張清單將更具體可行喔！

既不費工夫，也不會遭人抱怨。列好這張表格，妳今後的人生，應該會起偌大的變化！

「我想清理的事物」清單

現在，妳想清理掉的事物是什麼？

請一一表列出來，並決定好「清理」的優先順序，來場大清理！

東西
（家具、收納用品、家電、衣服、紀念品等）

場所
（客廳、飯廳、廚房、小孩房等）

事情
（人際關係、應該做的事、心態等）

CHARTER 3

宅在家的時間很重要

為周遭種種事情忙得團團轉而有點心力交瘁的四十歲，其實很想利用寶貴的假日宅在家裡好好喘口氣。回頭檢視一下，妳所擁有的東西數量是否剛好適合妳的生活。

✷ 確保有空間能夠享受興趣、完成家事

現場演奏會或看戲、運動，或戶外活動、和朋友聚餐或聯誼活動——二十歲的假日，大多花在這些愉快的事情上。有時候玩通宵、有時候為了玩而熬夜拼了，什麼情形都有！

到了三十歲，工作上幾乎已經能獨當一面，而走進家庭的人，就會經歷生產與育兒過程，因此三十歲可說是最忙碌的時候；二十歲的輕鬆愉快不見了，取而代之的是眼前的工作如怒濤洶湧而來，為了征

服它們不得不使出渾身解數！

即便是住在自己家裡，年輕時候能對家中布置多看一眼的那種餘裕，竟然也沒有了。就算有，也會不由得發出「好想要裝潢雜誌裡那樣漂亮的空間啊！」可這感嘆多麼不符現實、不符身分哪！

因此，才會受到郵購目錄上漂亮的照片，以及裝潢家飾店裡的陳列品所吸引，不斷購買漂亮的裝飾小物或收納產品。然而，每天忙碌不堪，加上居家環境亂七八糟，買來的東西根本沒空理它們，說不定反而讓家裡變得更亂更無法整理。

人一到四十歲，有些狀況會一點一點改變。忙碌狀況還是一路走來始終如一，但在許多方面，都和二十歲、三十歲不同了。

首先是身體方面，恢復疲勞的速度變慢；禁不起熬夜，前一天的疲勞會沉重地拖住身體似的。這種情形不光是發生在工作上，就連玩樂也很容易累。因此不得不自我節制，不從事會影響隔天的活動。

當然，也有人和年輕時一樣大玩特玩，隔天雖然起得來，但效率不彰，尤其女性朋友，肌膚的疲累是藏不住的。

此外，彼此的環境變了。當年那個和好友共度的快樂時光，如今只能成追憶。孩子還小的好友，結婚對象或一起居住的家人管得嚴的好友，都不容易聚在一起，於是能一起出遊的朋友就很有限。況且，和年輕時候相比，大家的生活和嗜好也都變了，搞不好曾經無話不說，現在竟變得話不投機呢！

最大的因素是，為周遭種種事情忙得團團轉而有點心力交瘁的四十歲，其實很想利用寶貴的假日宅在家裡好好喘口氣！

既然想宅在家裡放鬆休息，那麼居家環境就得打理得舒適怡人才行。空間不夠寬敞沒關係，但要整理得乾乾淨淨，不要看到多餘的東西。務必確保有空間能夠享受興趣、能夠完成家事。備齊好用且喜歡的家具和工具，做為裝飾的東西要能每次看到都令人安心，例如有紀念意義的小物、畫作、插畫、盆栽等……。

能夠放鬆地一邊喝茶一邊聽音樂、看看書，做些喜歡的事，也就能療癒一天的疲憊了吧！不論妳是一個人住、夫妻小倆口，或者跟父母或孩子同住，妳都能在自己的家裡，度過這樣輕鬆愉快的假日吧？

一直以來忙忙忙，忙得無暇將最重要的家整理得舒舒服服的人，一定要趁這次機會將居住空間打理成適合放鬆休息的好地方。因為我們還有很多很多想做的事情要去做，怎麼能夠不在自己的「城堡」裡養精蓄銳呢？

✷ 留意能讓自己舒服的環境

對妳而言，什麼樣的環境會讓妳覺得舒適怡人？

如果妳現在居住的房間、居住的家，是妳感覺最舒服的地方，那自然再好不過了，但若未必如此，或者覺得還有所不足時，何不重新思考看看，到底什麼樣的環境會讓妳住起來最舒服？

「想了也是白想啊！事到如今又不可能搬家，一時也不可能進行改裝！」抱持這種想法的人，不妨也稍微想一想吧！

即便無法立即實現，只要能清楚「我自己真正想要的居家環境是什麼樣子」，那麼進行下一個「清理」動作時，就會順利多了。

請將妳所理想的居家環境特色，寫在左頁的「我的理想房間計畫表」裡。

「我的理想房間」計畫表

即使和妳目前的居住環境完全不同也無妨，知道自己喜歡的居家環境是什麼樣子，知道自己待在怎樣的空間裡得以放鬆舒暢，這點十分重要。

喜歡的室內設計師或是室內裝潢公司？

希望採用的顏色？
（以白色為基調，重點處用粉紅色；很有個性地全部採用黑色……等）

希望採用的素材？
（地板是鋪木質地板，拉門則用漂亮的和紙……等）

希望擺設的家具、布織品、燈具、裝飾品？

希望在理想的房間裡做什麼？

✶清理現有物品的方法

方法1 找出「並非真正喜歡的東西」及「有沒有都無所謂的東西」

或許有部分得花錢才比較可能實現，例如裝飾美麗的畫作、換地毯和家具之類……。但，別急著上街採購。我能了解那種「想一次煥然一新！」的感覺，但在大採購之前，有些事情必須先做。

這件事就是——「減少」妳房裡的現有物品。

妳在「計畫表」中所寫下的理想房間模樣，和妳現在的房間有什麼不同呢？

「全部！」

也許有人會這麼說，但當中一定有妳每天都用得很上手的東西吧！除了這些東西之外，請找出「並非真正喜歡的東西」以及「有沒有都無所謂的東西」。瞧，馬上發現了吧？

「哪家店開張時送的馬克杯」、「附在寶特瓶飲料瓶口上的流行公仔」、「在百圓商店不知為啥買的紫色的塑膠小物收納盒」、「伯母去沖繩時買回來的印有琉球方言的門簾」、「最近完全沒在用的一按開關就會發出ㄍㄧㄧ聲的暖桌」等等……。

如果將和室房間改成洋式，就得將壁紙、地板整個大變身，也夠麻煩的，還得花掉不少錢和時間。買家具和小物讓人心情爽快，但要一下買齊很難。不過，如果只是將這些東西「清理清理」，不但不會花到什麼錢，還可馬上行動。而且，房間煥然一新的程度叫人吃驚！
「被喜歡的東西包圍著」這種居住空間的確怡人，但有些東西若沒經過一段時間相處，實在無法確定是否適合自己，因此，想要「只買自己喜歡的東西」並非一朝一夕可以成功。此外，不論再怎麼漂亮的東西，要是整個空間裡仍然到處有不喜歡的或是可有可無的東西，不但無法襯托出刻意買來的心愛物品，還會將它的美麗給埋沒掉！

因此，在外出採購之前，更重要的是先清掉家中討厭的東西。那麼之後留下來的，就是妳所喜歡，或者就算不喜歡，至少也是每天用得很習慣的有用物品了。

這麼一來，再環顧家裡一圈，或者打開櫃子、拉出抽屜一看，都不會不耐煩了。再加上，家裡的物品總量減少，就能跟保留下來的每一樣東西更親近。於是，每一件物品的使用率提高，說不定就能發現之前沒想到的使用方法，而增加善用它的機會。善加利用既有的東西，是多麼愉快的事！

清理物品不僅會讓空間變寬敞而舒暢，也會因為不再被那些無用的東西侵占，而整個人神清氣爽起來！

方法2 不買收納家具

接近四十歲時，我覺得女人會開始為了記錄人生足跡而保留一大堆東西。衣服和書並列第一，然後是家具和家電這類生活用品、餐具和調理用品、運動和手工藝品等和興趣相關的東西、學習用品和美勞作品等小孩的東西……。

如果妳感覺到「好久都沒整理家裡了……」，那一定是因為這些東西增加了。即便不是特別「捨不得丟東西」的人，只要過一段時間，任誰或多或少都會變得和這些「不知不覺跑出來的東西」一起同居了。

這些「不知不覺跑出來的東西」，和壓迫我們生活空間的許多東西，有個共通點就是——

「目前沒在用」。

難道不是嗎？

「雖然是目前沒在用的（運動用品），但有可能之後會用，要是之後要用時又買新的，會很貴……」

「雖然是目前沒在穿的（套裝），但等孩子大了有可能會重回職場，而且那時候說不定又瘦下來了……」

這麼想的話，捨不得丟掉就理所當然了。只不過，太浪費了啊！

如果妳認為不丟掉這些東西是因為實在沒辦法丟，建議妳千萬得打消以下這個念頭：「為了整理這些東西，就去買個新的收納家具。」

我當然明白東西就這麼放著不整理，會令人心情惡劣。但去買收納家具才叫浪費不是嗎？想想看，下次打開它們會是什麼時候？搞不好從此打入冷宮，然後落得下回又不得不買新的收納家具了。

一旦再次使用這些東西的日子終於來臨，滿心雀躍地打開一看，發現這些寶貝已經自然老舊，表面材料早已剝落得破破爛爛，或者因為接著劑風化而整個散架，變成完全不能用的東西了。

雖然是因為沒辦法丟而把它們收納起來，放在屋子的一角，結果，它們就侵占了屋子的活動空間。這屋子的主人是我們，可不是那堆東西！況且那些好生收藏著的寶貝，最後還不是變得無法使用了，真是賠了夫人又折兵。

這種時候，應該採取以下的對策。

一、不要購買收納用品，而是增加隔板，將它們分門別類放好。（取放東西時多少會有點不方便。）

二、可以放在陽台的大型收納箱、地板下面的收納空間、櫥櫃裡的頂櫃、床底下，或是租用倉庫等，盡量收納在這些「生活空間以外」的地方。

（很容易忘記會有這些東西，因此請做好備忘錄。）

三、借給現在能夠有效利用這些東西的人。

（有可能還回來時已經變樣了。）

雖然各有括弧中所提醒的缺點，但要兼顧「不想丟」和「不想讓房間變狹窄」的方法，我想比較理想的是第三項吧！

✶家人的東西，該如何處理？

為家裡日漸增多的雜物而煩惱的人當中，「我是個說丟就丟的人，但我老公和孩子總是捨不得丟，我要是隨便丟他們東西，一定惹他們生氣。」

這樣的人似乎不少。一般認為「捨不得丟」是女性的專利，沒想到其實很多男人也屬於這種類型。

捨不得丟東西的男人

＊蒐集型男人

無可救藥地愛看商品目錄，一旦看到喜歡的東西，錢就拴不住地非買不可。家人看了不解地認為：「這東西有什麼好？」但這類型的男人就是會蒐集來一大堆這樣的東西，還整理分類得超開心。

＊就是不丟型男人

例如買了新衣服、新鞋子，那麼催他把舊的丟了吧？他一定會說：「為什麼？還可以用啊！」而不願意丟。這種人並非執著於物品，而是懶得「丟東西」；有的甚至出社會後，都還能若無其事地穿著高中時代的運動服呢！當然也有綜合二種類型的，這種角色更難對付。

妳老公或「準老公」如果屬於「捨不得丟」型，不論家人多麼困擾，身為人妻，可千萬別強勢動手去清掉他的東西。即便不勝其擾，誰都沒有權利去任意處分別人的東西，老公對老婆當然也是（已經快壞了，或者明顯就是垃圾，則另當別論）。此外，對於別人的東西，應該抱著「怎樣都好」的心態才對。

如果老公就是不丟而造成妳的困擾，那麼就和他一起慢慢找出解決對策吧！而找出解決對策之前的過渡方式，前述的「收納在生活空間以外的地方」最合適了。順便一提，和妳同住的父母的東西，也要以同樣方式對待，說服父母比說服老公難上加難。

孩子的東西，要整理成「精華版」

小孩子的東西中，最難處理的第一名，當然就是玩具。

孩子還小時，最傷腦筋的就是，覺得孩子已經不玩了而說：「這個該丟了吧（送人了吧）！」他馬上任性地回嘴：「不要不要，我還要玩！」結果丟不成。但之後見他根本沒在玩。

孩子反覆無常的執著心真叫人疲於應付，但這種情形下仍然不能強行處理。要是怎麼都無法忽視這些亂七八糟的玩具，最好的方式依然是它們收到生活空間以外的地方；當孩子吵著：「那個玩具跑哪去了？」一時，拿出來給他即可。等到孩子大到稍微可以溝通了，母子好好商量，也許那時候就能順利解決了。

關於小孩子的東西，有時候反而是父母比孩子更捨不得丟呢！

小孩子的第一雙鞋、第一張畫、幼稚園時的作品、母親節送的謎樣的勞作、喜歡的娃娃、玩具、從嬰兒服到幼稚園制服，長大後還有書包、獎狀和獎盃獎座等，捨不得丟的東西年年劇增。

明明孩子已經沒那麼在意那些東西了，但身為母親的妳，總是一邊整理一邊看著它們而淚眼汪汪，因此怎麼也捨不得丟。但是，空間畢竟有限。除非妳預期妳的孩子將來會得諾貝爾獎，妳計畫蓋一間「我孩子的博物館」，否則將這些東西全部保存下來實在太扯了。那麼，該如何是好呢？

我能想到的最佳妥協方式，就是加以「編輯」。

我有個朋友從事拍攝廣告影片工作，他帶我去現場看他們的工作情形，才知道拍攝廣告很費時間。為了那短短幾秒鐘的播出，得花上好幾天拍攝，同樣的鏡頭要拍好幾遍，然後從中挑選出最佳的片段加以剪輯，才終於完成十五秒鐘的廣告片。

那十五秒精華，可是煞費數十個小時的心血結晶啊！

何不比照辦理？從目前保存下來的紀念品中，精挑細選出認為「就是這個了」的優秀作品，以及幾個小孩童年的代表性物品。除此之外的，就全部處理掉吧！即便挑中的只有少少幾個，也可以像拍成十五秒短片一樣，把它們整理成能勾起小孩童年回憶的精華版。當然，可以將東西先拍照存檔再處理掉。

孩子是會長大的，若是不長大才傷腦筋呢！待孩子長大後，給他一個「回憶箱」就夠了。另外，也許對四十歲的人來說還太早，有些例子是，孩子已經長大獨立了，卻把自己的東西長期放在父母家不管而造成父母生活的困擾。甚至更過分的，還將自己家裡擺不下的東西往父母家裡塞，簡直把父母家當倉庫……。

如果這些東西會造成困擾，那麼就預先發出通告，在給予「緩刑」期間後，處理掉或讓孩子拿回去都可以。沒必要縱容一個大人了。正因為是父母，必須能夠輕鬆舒服地度過餘生。

以「容易打掃容易找」為目標

雖說清爽寬敞的空間很怡人，但也不至於東西就愈少愈好，或者是什麼都沒有最棒。

東西少的確令人爽快，但東西的需要量多寡，應該取決於能否和生活達致平衡。若不顧及自己的生活方式、生活能力，而一味減少東西的話，很可能導致日子過不下去而不開心。弄不好的話，恐怕會誤以為自己的目標就是將東西減量，而變成只是刻苦過日子。

例如，不會做飯的人，要是認為微波爐是多餘的而丟掉它，那麼向來「賴微波食品為生」的人，就變成非得自己下廚不行，這將帶來莫大的壓力啊！

東西少也能過日子，這是事實，而且有人並不以為苦；不過，若妳不認為自己和那種人一樣健康，不認為自己具有那般生活能力，那麼結果只會再次添購東西而已。

東西愈少愈好，並非牢不可破的真理，重要的是妳所擁有的東西數量是否剛好適合妳的生活。只不過，要判斷出這個「平衡」，就等於要判斷出「自己的容量」，當和自己直接面對面時，便會發現這件事超乎意料地難以下判斷。於是一味嫌麻煩而「乾脆全部丟了算了！」如此一概否定擁有物品的話，反而淪為只是不願面對的逃避心理罷了。

自己也好，自己的生活也好，都是時時刻刻在變化當中。一邊觀察改變中的自己與物品的關係，一邊加以調整，是需要一定時間的。因此，與其狠下心來一次清空，不如一個一個、一點一點地清理，長遠來看，這樣做才能讓自己和物品之間建立良好關係。

話說回來，有個清理標準才方便！

「要清理到什麼程度才好呢？」為此清理標準傷腦筋的人，要以「容易打掃容易找」為目標。例如，如果不移開某個東西的話，吸塵器就會吸不到、抹布抹不到，移開後，打掃一下變輕鬆。因為東西變少了，要找的話馬上就能找到。要達到這種狀態，就只要保留少許真正喜歡的東西就好。

不買便利產品

明明並未特別關心或想做家事，但不得不承擔起家事的年輕人，總是喜歡依賴各種便利產品。只要看到店家在示範新上市的清潔劑或掃除工具，或是看到電視上家事達人的介紹，就一個勁地躍躍欲試。

「劃時代的新發明！只要有這個，再麻煩的家事都一下就清潔溜溜！」

然而，這些劃時代的便利產品，絕大多數都只使用一兩次就束之高閣，待年終大掃除時，才發現竟藏著兩三瓶清潔劑，且由於瓶蓋沒蓋緊都流出來又乾掉了。

若能找到真正適合自己、好用、不用不行的便利產品，就太幸運了，只不過這種機會並不常有。不擅長使用新產品的人，無論打掃或洗滌，最後總還是回到向來使用的簡單的工具吧！——我就屬於這一型。

到四十歲，大多數人都對家事「有自己的一套」，所謂「自己的一套」並非指特別的撇步，也無關一般與否、合理與否，而是「我不這麼做就過不去」、「我的做法就是這樣」這類個人的做法。

如果妳是屬於這種有「個人做法」的，而且不擅長使用新產品的人，那麼，當大賣場或電視購物頻道在大力施展便利產品的魅力時，最好與它保持點距離。

「靠產品來提升做家事的動機」需要花錢，而且得承擔買了一堆結果不用的風險，但若能「自動提起做家事的動機」，就不需要那麼多東西、錢和收納空間了。而要能「自動提起做家事的動機」，我認為就是「不要要求太高」、「降低要求來養成持續的習慣」。

就算不能像電視購物頻道所示範的那般「瞬間亮晶晶」又何妨呢？讓我們用樸素的心力，養成「今天也用抹布擦了一下」的習慣、「為了減少洗衣量，牛仔褲就穿兩次再洗」等等，以不需要用到那麼多東西和費那麼多工夫來做家事為目標吧！

減少廚房用品

經常搬家的人就知道了，廚房用品（烹調器具、雜物、餐具等）在搬家時總是用到最多箱子。廚房是家裡面積最小、卻堆積最多東西的地方。所以說，下廚所需要的工具件數，跟家庭人口數並沒什麼關係。我現在所用的廚房用品，其實跟我一個人住時根本沒變。

因此，廚房用品的數量跟有沒有結婚、有沒有小孩無關，只要生活方式偏向只增加不減少，就會累積出大量的廚房用品。

廚房用品中體積最大的要算是烹調家電。電鍋、微波爐、烤箱、咖啡機，這些幾乎每個家庭都有吧！此外，家電賣場還會不斷推出魅力無敵的烹調家電。能立即將水煮沸的水壺、省力方便的洗碗機、能輕鬆做出麵包的麵包機、更容易調理食物的食物調理機、榨汁機、攪拌器等。現代化的廚房，似乎沒有很多插座不行啊！

喜歡下廚的女性，就會不斷想買新的鍋子。壓力鍋、無水鍋、不鏽鋼三層鍋、砂鍋、琺瑯鍋、玻璃鍋、蒸鍋、炒鍋等，每一種都有各自的拿手料理，而且只要一聽說「可以煮得好好吃」，就忍不住一直買下去。

打蛋器、刮刀這類調理小工具也是，只要看起來方便好用的新產品，就忍不住掏錢買，但之前買的並沒丟掉，於是類似的東西家裡就有兩三個。此外，像是保鮮膜、鋁箔紙這類消耗品，也會趁便宜時多買幾個，於是很多人家的廚房都堆了過多的東西。

而最容易增加的就是餐具了。一般來說，女性都很喜歡餐具，在日本，餐具也經常被選來當成禮物或免費贈品，於是發現，即使人口簡單的家庭，也常有一整牆櫥櫃都擺不完的餐具。成套的餐具組要是缺一個破一個，其他完好的餐具並不會就這麼丟掉，於是不知不覺間，就多了好多不成套的餐具了。至於筷子、湯匙這類餐具也是一樣的。

諸如此類只增不減的廚房用品，請再次檢視，將數量減少到自己能管理的程度，否則不但會造成收納和打掃的負擔，也會壓迫到做菜空間，讓廚房變成做菜一點都不方便的地方了。

要處理掉沒壞還能用的東西，當然叫人心疼，但請至少將那些在百圓商店買來湊合著用的飯勺、買麵包時拿到的盤子等，只要不是自己喜歡的、用起來不順手的，都積極將它們處理掉吧！

餐具和衣服一樣，經常使用的總是那幾件而已；只是占空間而使用度低的餐具，就算沒壞也是處理掉比較好。此外，因為「太可惜了」

而捨不得丟卻不用的高級餐具，正因為擺在那裡太可惜了，就拿出來於平時好好享用它們吧！考量到能夠自己盛裝親自做的料理來吃的年限，拿出來用絕對不可惜。

總而言之，我想說的是，像廚房用品這類每天都要使用的東西，才更要選擇好用、漂亮、打心底喜歡的，才能讓每天都過得充實愉快。雖然它們不像服裝和珠寶首飾那樣展現在別人面前，但正因為如此，才更需要我們用心選用，來提升每日的生活品質、提高心靈的滿意度。或許妳覺得這種說法似是而非，但至少，這麼做具有避免浪費的效果！

如何整理因興趣要用到的工具？

和同世代的人一聊，才知道大家在這個年紀之前，都有同時間投入幾項興趣或學習的經驗。「興趣和學習是必要的」，就像這句話一樣，要投入興趣和學習，工具和材料也是必要的。例如看起來什麼都不需要的「跑步」，其實也需要跑步鞋和運動服裝。

球類運動的話，需要球拍和球；音樂的話，需要樂器和樂譜；手工藝的話，不光要工具，還要布、線、鈕扣這類零零碎碎的材料。由於「將工具準備齊全」也是樂趣的一部分，喜歡購物的人買了一堆不用的工具也就自然而然了。

興趣和學習若能持續下去就沒問題，只不過，尤其是女性，常常因為結婚、生產或搬家等因素，就和原來那個世界疏遠了。此外，這些興趣和學習也會有流不流行的問題，於是喜歡跟風的人，壁櫥裡會收藏著「滑雪成套用具」→「潛水裝」→「串珠的材料」→「登山用品」等，能看出一個人過去的興趣演變史。當中也有人將「比利大叔的拳擊有氧瘦身運動DVD」、「騎馬機」、「平衡球（折起來了）」依順序收納整齊，充分反映出她的「減肥歷程」。

熱衷一時的這些用品和工具，即便目前完全沒在用，也不會就這麼把它們處理掉，因為打算將來還要用，或者也許什麼時候還想再繼續，屆時如果從頭買起，就又花錢花時間。最重要的是，就這樣丟掉「太可惜了」。

如果妳住在很寬敞的大房子裡，而且有收納這些東西的工夫，還能不厭其煩地時不時去檢查它們的保存狀態是否完好，那麼妳將這些東西留下來是明智的！

但如果這些東西會壓迫妳現在的居住空間和時間，建議還是重新檢視一下它們吧！不然，妳現在以及未來的空間和時間，不都「太可惜了」嗎？

不僅是與興趣相關的工具，凡是一段時間沒有充分利用而束之高閣的，往往就會變得無法乾脆處理掉。因為我們的意識中得不到「用夠本了」的滿足感，就會捨不得丟掉還能使用的東西。

其實，把東西用個夠本，未必要自己親自來！可以拿到二手商店義賣，或詢問周遭有沒有人想要，也可以拿去網拍，如果是免費贈品或便宜貨，只要有人能幫我們達成這個「用夠本了」的滿足感，何不開心地放手呢？只要條件不是太離譜就把東西讓出去，不但對接受的那方有利，整個讓渡和交易行為也會更容易成立。

開始一項興趣或學習是很棒的，但建議從現在起，不必一開始就把所有東西準備齊全，可以先向人借或租用，萬一很快就厭膩不玩的話，也不致於留下一大堆不用的東西了。

過去喜歡的收藏品

男性的收藏品，如鐵道模型、郵票、動漫的公仔等，多半是有系統且縝密地收集，或者一有機會就收集，換句話說，是「為了蒐集而蒐集」。反觀女性的收藏品，通常不像男性那麼硬邦邦。女性的收藏品多半是：

「好可愛的文具」

「電影、動畫、電玩等人物的商品」

這類心儀的小物，有時自己買，有時別人送，屬於不由得就蒐集起來的軟性蒐集行為。收藏品和興趣要用到的工具一樣。只要是出於對蒐集品的鍾愛而蒐集並妥善保管的話，無論家裡空間多麼狹窄、管理上多麼費工夫，能持續下去就行了。

只不過一到四十歲，年輕時熱衷的收藏行為，往往因為忙於工作和家庭，熱度就整個退燒。這樣的人其實還不少呢！接下來就是「我怎麼會蒐集這些東西啊?!」的大夢初醒！這時傷腦筋的就是該如何處理這些長年積累下來的收藏品了。這些收藏品若是體積大、用專用的展示盒展示出來的話，就需要相當大的空間。就算收納起來，也應該很占地方。要是居住空間並不大，卻得挪出地方給這些已經沒興趣了的收藏品，不是很不合理嗎？

話雖如此，「就算不再蒐集了，也沒興趣了，但就這麼處理掉，也怪可憐的……」於是捨不得丟，老是擺在那邊不管，其實那被占掉的空間才是「太可惜了」了呢！好比高級陶瓷器或是某一種人物的商品，由於目前並沒有明確的市場，就拿到二手商店、跳蚤市場或是上網拍賣，有機會就把它們處掉吧！這才是比較合乎現實的做法。

女性收藏品的特色，就是多半為「可以實際使用的東西」，因此若是手帕、文具之類具實用性的東西，就一個兩個持續送給鄰居或來訪的朋友，我想過不久就會數量銳減了。

而今後再要收藏物品時，請盡可能選擇體積小、平面的東西，製作每一件收藏品的詳細資料，以及可以看到收藏品全貌的目錄，以完全不造成困擾的收藏樂趣為目標吧！

具有紀念價值的物品

提到「具紀念價值的東西」，總會想到學生時代的筆記本、相簿之類，但事實上，「具紀念價值的東西」是活得愈久累積得愈多。照片、信件、旅行紀念品、獎狀、獎盃……，這些東西既不好整理又不好處理，只會一再累積下去而已。

不過，之所以不好整理又不好處理，原因並非只出在當事人。我聽到許多整理過祖父母或父母遺物的人提到整理過程之辛苦，累積了數十年幾乎從未整理的「具紀念價值的東西」，最後幾乎全成了造成麻煩的東西……。現在，我們這四十年來的「紀念品」，也到了該整理的時候了。

至於該如何整理「具紀念價值的東西」，我想，就跟第三章「孩子的東西，要加以『編輯』」所提到的內容一樣。換句話說，就是「像拍成電影或廣告影片那樣，將四十年來的回憶，『編輯』成幾個精華」，但，並非要妳只保留一部分，而將其餘丟掉喔！

「最能表現出我的人生的『一本紀念冊』」

「最能夠簡潔地顯示出我的交友關係的『一個對象各一封的書信集』」

「我感到最榮耀的『關於某一個獎項的獎狀或獎座』」
「我最愉快的一次旅行的『一個紀念品』」

這種方式精選出「人生之最」。其實未必就只能限定「一個」，「三個」、「七個」也無妨，只是數量太多的話，就無法顯現出「人生之最」了，我想最多精選出十個左右應該就夠了。

精選出「人生之最」後，剩下的就盡可能收納在生活空間以外的地方，不要壓迫到目前的居住空間即可。例如閣樓裡面、儲藏室、租來的倉庫等，只要是不容易拿到的地方就行了。

編輯出「人生之最」後，就要把這些最寶貴的紀念品放在平常看得到的地方，讓為數不多而容易被看見的「人生紀念品」，時時勾起昔日美麗的回憶和榮耀吧！

✶如果覺得減少東西很難的話……

「來個大清倉吧！」於是養精蓄銳，騰出充裕的時間，磨刀霍霍準備「大開殺戒」，但實際上卻沒那麼簡單。除了有心，還得有體力，有時還須家人的幫忙才行。甚至還得花錢才能處理掉東西。

一般來說，我們很難有心力、體力和時間三項具備的時候。若因為這個關係就一拖再拖不清理，那就太划不來了。「就算不是大規模的清理，東西要是能夠自然而然減少就好了！」這是有可能的！而且比妳想像的更簡單！

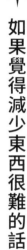

當然有些東西是一進來就不太會出去的（耐用品），但有些東西會被吃光、會因為不能用了而丟掉、會送人，甚至會因為價值提高而賣出去。

由於物品數量會隨著生活而自然遞減，只要不是有意增加數量，並且刻意阻止東西進到家裡來，最終就能減掉為數不少的用品。用減肥來比喻的話，就是：

「每天做做運動來增加卡路里的消耗量，每天都不再吃零食來減少卡路里的攝取量」。

不論採取哪種方式都不會造成太大負擔，但加總起來，就能消耗掉不少卡路里。將這種方式實踐在物品上，不但能減量工作零負擔，不知不覺間家裡也就清爽起來了！在此，我希望大家一起來思考這個「每天做點運動」、「不吃零食」的方法。

方法1 把壓箱物品拿出來大用特用

減肥中的「增加卡路里消耗量」，用在減少物品上的話，就是指「把壓箱物品拿出來大用特用」。

✳ 還能用，而且沒壞，但目前沒在用。又不想賣掉或送人

人之所以捨不得丟東西的最大原因便是「丟掉還能用的東西會心生罪惡感」。

舉例來說，我就沒有很多衣服。衣服不多，每一件的穿用頻率就變高了。又例如牛仔布料的衣服，因為可以用力刷洗，經常穿經常洗後也就容易磨破了。

每天都穿那唯一一件牛仔褲的話，膝蓋和屁股部分就會整個變薄，哪天就破了個洞。有人會讓洞破著繼續穿，而我就會認為「這件穿夠了」，然後輕鬆地把它丟掉。

無論再怎麼喜歡的東西，只要經常經常地使用，用到它破爛不堪後，就能心滿意足地丟掉它了。這和那件東西是高價品或便宜貨、是不是別人送的都無關，而是「夠本了！」這種滿足感，讓人能毫不猶豫地丟掉它。換句話說，為了丟掉它，必須先把它用個夠！

倒是沒必要徹底用到東西壞掉，但至少總得用過吧！因為這樣妳才會知道，一旦把這些壓箱寶貝穿在身上，妳可能會覺得不對勁或是更不喜歡穿。這麼一來，東西本身雖然還在「尚能使用」的狀態，但對妳而言，它已經是「不能再用」的東西了。只要切身有過使用經驗，說不定就能二話不說地丟掉它了。

✳ 化妝品的試用品、從飯店客房拿回來的沐浴精、洗髮乳等等

平時就拿出來大用特用，毛巾也是，用破用舊的，就拿來當抹布，用完就丟了吧！在這段期間，常常要用到的化妝品或清潔用品等，都

不要再買新的。如此一來，庫存就會逐漸變少了。

「為了重要時刻」而買來的餐盤、香水等高級品，也要拿出來日常使用，要是等到年老了，或是臥病不起時，這些珍貴的「高級品」，就會變成看護用品了。

✳ 好好使用它們！

這種時候，完全用不著「收拾」和「整理」。一旦硬要整理，又會不知不覺把它們「收納得整整齊齊」了。現在該做的，並不是把這些東西整理得賞心悅目，而是好好使用它們！

在使用的同時，只要不再讓新的東西進入家門，這些壓箱物品就會慢慢消失，家中的物品總量就會減少，這時候再來處理家具和家電這類難以丟棄的東西時，就會變得容易多了。等到那時候再來整理收拾也完全不遲。

方法2　不拿免費贈品

一邊進行「運動療法」，一邊還得進行「不吃零食」。到了四十歲，首先要戒掉的零食就是「免費贈品」。

✳「既然免費，就拿吧！」：不等同於節約的美德

在這時代，只要保持緘默，免費贈品就會進入生活中。不知怎麼搞得就寄來了的厚厚的郵購目錄，在街頭發送的面紙及各種試用品，只附贈一顆糖果的小冊子，夏天最常拿到的就是扇子。買東西的話，他們會粗魯地把盤子、小碗、小毛巾等塞進手提塑膠袋裡強迫妳帶走；郵購的話，還會免費附贈一個和妳所買的東西一模一樣的……。

「既然免費，就拿吧！」

「不喜歡的話，丟掉就好了！」

若抱持這種心態，家裡會被這些東西侵占到什麼程度，妳應該心知肚明才對。說「不喜歡的話，丟掉就好了！」事實上能說丟就丟的人並不多。即便是便宜貨，若是完好無傷的新品，丟掉令人心痛，偏偏這種便宜貨還沒處送人。既然如此，何不一開始就不拿，也就沒必要擺在家裡叫人心煩，更不需要一一檢視判斷要不要丟。

✳ 只用自己真正喜歡的物品

很多人認為使用免費贈品是一種節約的美德，但，妳可曾拿到妳真正喜歡的贈品？日常使用的馬克杯也好、用舊即丟的毛巾也好，就是每天使用這些粗製濫造的東西，才更讓妳心中一直鬱積著小小的不滿。於是哪天外出時看到還不錯的東西，不滿就爆發了：「這才是我真正想要的東西！」有這種錯覺後，就又花了冤枉錢。「免費的東西最貴！」這句古人名言最實在，除了必須使用的消耗品之外，宜盡量拒絕免費贈品，僅使用自己真正喜歡的、用起來開心的「自己選購」的產品。長遠來看，這才是能夠提升生活品質且不白白浪費錢的聰明選擇！

方法3 拒絕集點和優惠券

愈是在意「節儉」，就愈會對「划算」與否神經敏感，因此付錢時，往往會聰明地挑選即使多省一塊錢也好的產品。但這麼做真的聰明嗎？

從前，有位以節儉為樂的朋友讓我看他的錢包。我被那錢包之大嚇了一跳。

對折的錢包宛如一顆圓滾滾的「球」，裡面有好幾張免年費的信用卡，還有日常購物的超市和藥妝店等各種商店的集點卡，家庭餐廳和卡拉OK店給的優惠券和折扣券等……。

我在年輕時候，還會特別將這類集點卡和優惠券收在專用的卡片夾裡。心想這麼收好的話，在收銀櫃台就不會因找不到而慌慌張張了……。

不過，那個卡片夾沒多久便塞爆了。那時我才驚覺，我的生活似乎被「購物」這個行為綁架了，彷彿不購物就無法過日子似的。當我意識到，我雖然把這些卡片分門別類地收納整齊，結果竟是隨身帶著一年半載都沒用到的卡片後，我就不再拿這些東西了。

而今我的錢包裡，只有兩三張真正經常去購物的商店的卡片，以及一張信用卡兼現金卡。在收銀櫃台拿到的免費券，我不是當場拒拿，就是馬上丟掉。

利用集點卡或優惠券，感覺上是很聰明的購物消費方式，可事實上，經過好幾個月才集滿的蓋章，最後換來的是沒幾塊錢的商品券（而且還限定日期），或是沒特別想要的便當盒而已。

此外，我們並不會老是光顧同一家店，偶爾才去一次的商店也會發給集點卡，因此集點是分散的，而最無聊的就是被「點數加倍！」

這句話吸引，而買了不在預定範圍內的東西，徒然增加庫存罷了。

分類、收納、攜帶這些卡片，還必須經常注意使用期限。若是將這個心力和最後換得的「特別優惠」比一比，妳會發現那所謂的「特別優惠」多麼微不足道啊！

我有朋友很會利用這些集點卡和優惠券，只要有免費贈品就一定跑去拿來用，但我從沒聽說他因此存下什麼錢。與其說「為了省錢」，我想更是因為喜歡「集點的樂趣」吧！那樣倒也無妨，然而重要的是，我們的消費行為就被「划算」這個花言巧語所迷惑而走偏。這種購物方式讓我們的生活空間更狹窄而不得輕鬆，妳不覺得這才不划算嗎？

方法4　購買一定會用完的量

日子一天一天過，就算沒特別做什麼，東西還是會一直增多，因此，我們有必要縮小這些雜七雜八東西入侵家裡的入口，才能加速減少物品。

那麼，該怎麼做呢？

首先，試試改變購物方式。

如果妳之前採購食品、消耗品時，總是選擇「含量較多而比較便宜」的話，就先戒掉這個習慣吧！然後改成「買一定會用完的量」。

乍看之下好像吃虧，但其實真是這樣嗎？

限時內「能裝多少盡量裝」都一樣價錢；面紙、保鮮膜、罐頭、調味料等因為超低價而買了囤起來；一件二千五百圓的襯衫，買三件只要五千圓……。

光看數字，似乎很划算，但買了一大堆「能裝多少盡量裝」的香菇或青椒，結果吃不完，待發現時已經在冰箱的蔬果室下方爛掉了。想到就買的保鮮膜，不知不覺堆得廚房到處都是，總計有十條之多。

至於三件五千圓的襯衫，其實只常穿其中一件而已，要是穿上一件後覺得顏色不好看，從此打入冷宮再也不見天日，那等於買了一件五千圓的襯衫。

這種購物方式似乎是聰明的節儉妙招，但其實才是吃虧！這也是因為沒有「用夠本了！」的滿足感所致。

所謂還沒用夠本的東西，就是那些沒用又捨不得丟，於是堆得家裡到處都是、嚴重侵占人的生活空間的東西。因此明明應該每天打掃的，但老是不整理房間而心情未獲得滿足，於是又會想去買點什麼了。買得愈多、買得愈便宜，果真能讓人心滿意足嗎？

被眼前的數字所迷惑，結果讓生活空間雜亂無章待不下去，導致生活品質下降的話，就別再做這種傻事了！反之，乍見彷彿吃虧，但其實這麼做才聰明——

「只在需要的時候買需要的東西，而且只買需要的量」。聰明的購物方式，基本上建構出一個容易整理的家，並讓我們得以在其中平靜地生活。

方法5 絕不買第二次

年輕時，沒設想好自己要成為什麼樣的人、要過什麼樣的生活，住所和工作又不穩定，不管怎樣就是沒錢，那麼生活就往往變成「隨便湊合」了。

「能一次買齊最好！」憑這觀念，跑到量販店或大賣場在一天之內買齊家具和家電、到百圓商店買齊生活用品的年輕人應該不少吧！儘管那種情況有時也是沒辦法的。

不過，經過了二十歲、三十歲，某個程度上，應該已經建立起自己的消費模式。這裡要談的並非雜誌和電視上所介紹的「令人憧憬的生活型態」，而是指應該確立出自己喜歡的顏色、形式、品牌、自己需要和不需要的東西。

到了四十歲，除非是消耗品，否則就算再瑣碎的東西，也應盡可能「抱定不買第二次的決心後再買」。

「我其實喜歡的是這種顏色和這種形狀的，但今天算了，隨便就這個好了！」

到了四十歲若還用這種方式購物，就太浪費了啊！正因為那不是妳真正喜歡的東西，所以會一直不被用壞地躺在家裡。

隨便湊合所買下的東西，就算再便宜，也絕對不是免費。因此不隨便湊合著買東西而省下來的錢，就可以用來購買自己真正想要的東西。

只要稍微忍一忍，就能避免家裡被無聊的東西攻占了。

我家裡，曾經好多年都沒有沙發。

事實上，結婚之初，曾經在「有個沙發窩著也不賴」的想法下買了沙發，但那時候的生活型態並非能夠「舒舒服服地窩在沙發上」，再加上改不了將東西隨便往沙發一丟的壞習慣，不消幾個月，就拿去養老院義賣了。那張沙發的價格我是買得起，但材質和款式都不是我真正想要的，況且那時候的我，根本還沒有享受沙發生活的能力。

孩子還小時，沙發成了跳跳台；為了讓家裡更寬敞更安全，那沙發實在一刻也擺不得。不過，我心中依然不斷升起一個念頭：「哪天要是能在家裡擺張沙發的話，我就要那種的！」從那時候起，直到我真正買了接近理想中的沙發為止，我到別人家裡去觀察沙發、逛了好多家店、向店員詢問各種資訊，前後共花了近五年的時間。

現在，我每天使用那張沙發，而且和家人一起努力不讓它閒置在那裡。由於顏色和款式都是全家人喜歡的，因此每日都在享受著它。

精挑細選後買下真正想要的東西，不但能讓所花的錢發揮數倍價值，也是不讓家裡亂七八糟的特效藥！

方法6 慎選購物地點

我開始意識到要過簡單的生活，是在生第一胎以後。好幾次我大規模地整理東西，處理掉一大堆衣服、家具、雜物等，每次忙完後，家裡都煥然一新，叫人神清氣爽，從來不會因為處理掉東西而困擾。

這時，我再看一遍被我留下來的東西，就得到一個領悟。沒被我處理掉的東西，都是使用機會多、可以在各種場合使用、方便好用的東西。換句話說，對我而言它們都是「好東西」。

而它們的共通點就是「我能記得購買當時的情形」。（別人送的東西也一樣。）

例如，女人總是衣服特別多，而被我留下來的衣服，都是我仔細試穿過、和店員聊過、花了些時間才買下來的。

以前我總認為，只要等到促銷期間就能用七折或半價買到的衣服，若用定價去買就太傻了。於是一到促銷時間，我就積極出門買衣服。

到了人山人海亂哄哄的店裡，試衣間爆滿，只好在鏡子面前比了比：「大概穿得下，行了！」隨便抓起來就買的結果，便是回到家裡一穿覺得並不好看，卻因為是折價品不能退貨。

但是，如果是在季節之初先跑去看看原本打算促銷期間再買的衣服，那時因為店家比較不忙而能夠跟店員好好聊天，說不定他們會說：「請等一下，我們也有進這種的喔！」「您屬於斜肩型，這種有墊肩的您覺得如何？」或者，「您手上的這件，可以這樣搭配喔！」熱心地教我們穿搭術。

最後以定價買下來的那組套裝，之後好幾年都還是很喜歡穿，直穿到它舊了為止，真是穿夠本了。

這時我方才明白，原來定價包含了可以慢慢品評的時間、可以獨占店員而取得豐富的資訊呢！

在促銷期間或是利用郵購買來的，因為僅憑價格和自己的喜好決定，結果發現不是不好用，就是不適合自己，於是漸漸不拿出來用。

這些不被使用的東西，最後的命運就是因為沒有「用夠本了」而變成堆在家裡的廢物。

我直到四十歲，得到的結論是：「向店家仔細詢問下才買的東西，即使稍微貴了點，都是能用夠本的東西」。如果一家店裡沒有可供詢問的店員，大概都是標榜超便宜而且品項豐富；如果偌大的賣場裡，最好就只買不問也沒關係的消耗品或基本款。

在專門店或百貨公司購物的話，不僅可以向店員詢問使用與保養方法，也能聊到那件商品的製造方式和使用材料、製造者的相關資訊，還能得知店員本身如何使用該產品等各種訊息。

郵購或網購上也有很多好東西，但務必要利用網頁留言或電子郵件仔細問清楚後再買，才能避免無謂的錯買，減少退貨的風險。

能夠養成這種購物方式後，就能降低買錯的機會，當然也就不會增加一堆不用的東西了。由於這種購物方式很花時間，於是不能經常購物，也算是不增加無用之物的好處。

CHARTER 4

只擁有「喜歡的東西」

每天使用的東西形成我們每天的生活，建立起「可以購買和不行購買的準則」，不要讓無聊的東西造就無聊的自己。

和東西的交往方式，就是和金錢的交往方式

家裡現有的東西要「拿出來大用特用」，免費贈品則是「不拿」，其他還有「把東西用夠本」、「不因為便宜就多買」，更重要的是「只在需要的時候買需要的東西」、「問過店員後再買」。這類購物方法，也許乍看之下會覺得和「節儉」背道而馳。

但事實上，養成這種購物習慣後，才開始不會浪費錢。

因為我心中已經建立起「可以購買的準則和不行購買的準則」，因此當要採購時，經常就會變成「還是別買吧！」

只要不買（不接受）東西，就算什麼都沒做，家裡也會自然清爽起來。而且全是在自己建立的購買準則下買來的，就會用慎重的心情使用它而不會覺得礙眼。這麼一來，便不會因為不喜歡而老是丟掉東西了。

東西雖少，但每一樣都是喜歡的

「真正喜歡的東西」其實並沒有想像的多。大部分人應該都是這樣子的。女性朋友在找衣服時，都有這種感覺吧？

「顏色是不錯，但款式……」

「材質挺好的，可尺寸……」

大家都會顧忌這些小地方，而這些都不是成衣所能滿足的。此時，只要不衝動地採取「雖然有點不合，但算了沒關係」這種購物方式，最後這些衣服就不會成為衣櫥裡的負擔，也就不必為收納、整理、處理掉而煩惱。

擁有的東西雖少，但每一樣都是喜歡的！在這種狀態下，每一樣東西都具備立即戰力，絕不會「用時方恨少」了。

若能充分使用每一件物品，即使有點貴重也是，每一件都好好保養，每一件都當成好幾件來使用的話，東西的數量自然會變少。而且數量一少，保養起來就更輕鬆。東西少會讓生活變得豐富，同時會減少金錢浪費。結果，比原本那種以「節儉」為目標的購物方式，還能省下更多錢呢！

這正足以清楚說明「和東西的交往方式，就是和金錢的交往方式」，不是嗎？

無聊的東西造就無聊的自己

根據《生命是最精彩的推理小說：一個生物學家眼中的奇妙世

界》作者福岡伸一教授所言，人類的細胞（雖然並非全部）會不停地跟吃下去的東西直接置換，在分子的層次中，只要經過一年，我們就完全變得不一樣了。

簡而言之，就是「一年後的我，是由一年來所吃下的東西形成的」。

吃下去的東西等於自己。不禁讓人想到，過去一年來，我到底吃了些什麼？如今我的身體，是由正確的食物所構成的嗎？

對於食物，大家都很在意，對每天都在使用的東西，我們卻沒想那麼多。然而，說不定兩者是相同的。

每天使用的碗和杯子，廚房的掃把和清潔海綿、抹布，文具用品和便條紙、襪子和枕巾。

東西就算出了家門，也不會被看見。大部分的人並不會注意這些不起眼的東西，而會更去注意衣服、包包、飾品這類搶眼的東西。這雖是合理的，但「就算打扮得再漂亮，一回到家，還是要被不喜歡的、可有可無的東西包圍著」。

想到這裡，就讓人好生落寞。老是吃超商便當或速食，身體會變虛弱而容易感冒；同樣地，老是使用粗製濫造或百圓商店買來的日用品，心靈也會變虛弱吧！

雖然不過就是個東西而已，但每天使用的東西卻形成我們每天的生活，怎能說不重要呢？長期使用，它們就慢慢和自己融為一體了。

如果我們每天所使用的都是自己不想看到的、不是自己喜歡的東西，那麼久而久之，我們的心靈也會一點一點受傷吧！

吃了沒營養的東西，造就沒營養的身體。同樣地，用了無聊的東西，會造就無聊的自己。這真是太可惜了啊！

年輕時我們只在意外表，但四十代的我們，要讓每一天都過得充實才對。只要抱持這種心態，漸漸地，妳就會將每天所使用的東西，換成自己真正喜歡的了。

只需要少許「真正適合」的衣服

四十歲，時尚的轉換期

我自己也有切身的感受，四十歲真是個為「穿著」煩惱的歲數。三十歲的前半，還算是二十歲的延伸，倒還沒什麼，可到了後半，問題就嚴重了。尤其經歷過生產、育兒的話，大多數女性的體型都大了一號，情況更嚴峻。

然後到了四十歲，哪天突然發現，三十歲時經常穿的衣服竟然穿不下了。明明看起來體型沒多大改變，可衣服就是不合身。這個刺眼的變化，讓女性從那天起，開始為穿著打扮傷透腦筋。不論是我的經驗或是從旁人那裡聽來的，都顯示這個變化差不多會在四十二歲左右到來。

乍見以為體型沒變，其實變化最多的就是體型。由於長脂肪的部位和三十歲不同，就算體重沒變，衣服也會變得這裡那裡不合身。換句話說，是「身體的版型」變了，以致於袖窿變緊、穿上去手舉不起來、胸前會皺皺的……。

皮膚也會改變。之前穿起來顯得氣質高雅的黑色、咖啡色和灰色，而今會讓膚色暗沉，甚至強調出斑點和皺紋來。但因為沒在自然光下看見自己，因此沒發現。

此外，四十歲起，生活上或心態上都慢慢轉變成以前所沒有的沉穩氛圍，可唯獨服裝還是偏愛年輕款式，因而總落得人與服裝不搭。也就是說，穿著打扮顯得太幼稚。

這些變化，讓人不得不改變二十歲起一直鍾愛的服飾品牌，或者穿起年輕時的衣服就會覺得不對勁。對大多數女性來說，四十歲算是時尚的轉換期吧！

針對四十歲的時尚，我曾詢問過長年在表參道從事高級女時裝修改工作的一位女士：「該怎麼辦好呢？」

得到的回答是：「四十歲，是個很難不穿『好衣服』的歲數啊（其實穿和看也都很難）！但因為這個時期要負擔子女的教養費、房貸等，正是人生最花錢的時候，所以現實生活裡也不容易做到呢！我建議可以把之前的衣服修改成適合現在的體型和氣質，或是購買時，少許買幾件真正質感好的衣服。然後，還需要具備能夠做各種變化的穿搭術。」

聽她這麼說，我便完全理解了。

觀察百貨公司的仕女服飾樓層，會發現四十歲的很少，多半都是五十歲以上的女性。而百貨公司所賣的服飾確實品質一流，但價格方面，通常都不是有經濟壓力的世代所負擔得起的。

結果，四十歲只好到量販店或迎合年輕人的服飾店去買衣服，而那裡比較無法確保品質（質料、縫製）、適合四十歲的衣服版型、款式等。結果，就是累積不滿，最後又想買新衣服！這麼一來，不就本末倒置了？四十歲，就該有四十歲的時尚才對！

四十歲的時尚，必須適當地配合個人外觀上和家庭收支上的變化才行。不要胡亂地狂敗瞎買，而是要：

「少許買幾件真正適合的，而且好好保養」

「在預算範圍內」

在這兩項前提下，以年度為單位，做計畫性購買。

化妝品也應如此。和年輕時不同，花在基礎化妝品上的預算要比花在盛妝上的多才對。此時不妨也跟服裝一樣，將自己擁有的化妝品來一次總盤點吧！我自己本身的化妝品數量，就只有一個化妝包那麼多而已，但絲毫不覺得有何不便。喜歡的品項各有個一兩樣就夠了，既不會有收納上的困擾，也不會搞得一堆東西都只用了一半。用到一半不用的、顏色退流行的、國外帶回來不適合自己的這類化妝品，通通一掃而空吧！只留下真正有戰力的品項就行了。

時尚計畫表

三步驟讓衣櫃清清爽爽！

＊ 步驟①弄清楚自己擁有哪些衣服（左圖）

＊ 步驟②計算出年度預算

※家庭年收入的一．五～三％：　　　　元

＊ 步驟③

利用②的預算，來嚴選買齊①中所列的「不夠的衣服」。

品項	既有的衣服 處理掉重複和老舊的	不夠的衣服
內衣類		
上身類		
下身類		
外套類		
其他類 （鞋子、包包等）		

CHARTER 5

人際關係大整理

適合以四十歲為一個階段而加以整理的，可不只是物品而已。長年累積下來的「人際關係」中，是不是有些的賞味期限就快到期了呢？

✶「井戶端會議」

「人又不是『東西』！」對抱持著一旦有交情就絕不會切斷關係的人來說，可能無法認同這個主題，不過，「我為什麼非要和這個人來往不可呢？」、「或許和那個人只是形式上的交往而已，所以覺得有點負擔……？」如果妳有這樣的疑問，何不開始重新思考？就先從這種「常見的人際關係」開始反省吧！

日本在很早以前還沒有自來水的時候，居民都是共同住家附近的一口井，而兩名以上的婦女們聚在井邊聊天，就發展出所謂的「井戶端會議」來了。這其實相當有趣，氣氛一熱烈的話，小孩哭了，忘記做晚飯了，話題停不下來了，是這種「會議」最大的特色。總之，從「今晚的菜色」到「當紅藝人離婚後的去向」等，話題天南地北，而且時時刻刻在變。

「井戶端會議」的好處，就是能夠獲得半徑一公里內的有用生活資訊。在這層意義上它是很有用的，但這種會議也有困擾人的地方，就是有時會超出令人愉快的限度而開始失控。

失控常常是從說「不在場人的八卦」開始的。然後愈說愈起勁，就變成說些捕風捉影的話或是別人的壞話；而在這個過程中，說話者的表情和語氣又會變得很可怕——眼睛散發異樣的光芒，眉頭皺出深深的紋，嘴角歪向一邊，拱起背來脖子伸向前……。明明是在說「不在場」人的八卦，不知怎麼搞得卻都偷偷摸摸地竊竊私語……。如果跟著一起瞎起哄是不會察覺的，但離開後一想，那樣子真恐怖啊！

無論哪個世代，都一定有喜歡聊八卦的女性；而所有年齡層中，這類會議的組織率最高的，就屬於社會中堅世代的四十歲了。四十歲的「井戶端會議」，在家庭餐廳、誰家的客廳、巴士或電車中，現正熱烈展開。

即使妳不喜歡東家長西家短，但對這些繪聲繪影的八卦也覺得……吧！一般人都是這樣的不是嗎？因此要完全拒絕參與這種「婆婆媽媽八卦團」是不太可能的。況且，前一天還是主要成員，突然被說「那個人，邀她來都不來」，似乎也不太妙吧！

這裡，我要跟大家分享四十歲成熟女性成功擺脫婆婆媽媽的智慧與技巧。

當話題慢慢變得俗不可耐，或察覺到將演變成毒舌或背地說人是非時——

「不好意思，我要去收衣服了，先走囉～」

「啊？我小孩發簡訊來了，我要回去一下喔！」用這種不掃其他人興致的方式，輕輕開溜。如果真的無法脫身，那麼就從頭到尾「嗯、嗯、嗯」地當個聽眾，絕不要肯定對方說的壞話，也不要盲從地道人是非。

可以的話，就將大家毒舌的批評導向說笑的氣氛，讓場面不再繼續充滿陰鬱之氣。

儘管這些道人是非或毒舌惡口的目的是為了解悶，但還是不要參與，應努力讓自己的品性不受到污染才對。若是無論如何都做不到，那麼這種墮落的「會議」就完全沒必要參加了。

「井戶端會議」這種婆婆媽媽交際方式，雖然可促進鄰居感情，但「近朱者赤，近墨者黑」，參加十年、二十年後，人心恐怕就變得愚痴且愛搬弄是非了。如果那種「會議」對自己沒好處，就有必要一點一點「整理」它了。

社團與互相炫耀的同學會

妳有從年輕時候，或者三十歲以後因為興趣或育兒的關係而參加的社團活動嗎？手藝、烹飪、運動、音樂、育兒、當義工……。這類因為共同喜好而聚集在一起的小團體，和單純只是鄰居婆婆媽媽的交際不同，魅力在於大家能因純粹追求興趣而成為好朋友，不會有那些五四三的話不投機。

話雖如此，經過五年、十年，參加成員總會改變，因而社團也跟著質變的情況並不少。

我有個朋友，她參加的音樂社團，當初的成員幾乎都是單身男女，人數也相當多，因此會舉辦各種活動，活動之後大家也常聚會，可以說是非常有活力和向心力的社團。然而，有人結婚了，接著有人因為生產、育兒的關係而退出社團，後來大家又各自忙於工作和照顧孩子，社團聚會的時間少之又少，甚至近來的演奏品質還出現前所未有的糟。目前經營社團的人也顯得意興闌珊。我這位朋友目前頗為煩惱，她已經投入很長一段時間了，對社團懷有深摯的情感，但現在孩子大了，她想參加程度再高一點的社團。

此外，這也是從其他朋友那兒聽來的，這位朋友去參加睽違已久的同學會，對聚會的無聊至極感到驚訝。上一次的同學會是三十歲時，那時還不覺得有這些改變，但這次聚會發現，男生的外型變了，女生則是聊天內容變了，反正簡直就是變了個人似的。結婚的人就聊老公，有小孩的人就聊小孩，幾乎不談自己。老公升官了、跳槽到條件更好的企業、自己創業……。小孩通過什麼考試、學校的程度多高、參加什麼大賽得了獎……。

我這位朋友雖然結婚了，但沒有小孩，夫妻兩人都是自由工作者，她對朋友的老公在什麼大企業做什麼偉大的工作，以及小孩表現得多優異等話題全然沒興趣，因而困擾不已。結果變成，一直在工作的女生就和男生一起聊天，而女生圈子裡，就是不斷互相讚美彼此的老公和孩子，同時若無其事地沒完沒了地自誇自己的老公和孩子。當中，也有女生對這種沒營養的談話感到不耐煩而提早離開的。

那樣的關係，之於我，其實早就「結束」了不是嗎？

十年前、二十年前，那個社團是多麼令人充實愉快，當時的自己有多愛它這件事，和現在要不要繼續參加社團，根本沒關係。

假設妳要接下社團的經營工作，並且能夠重現昔日風光，那麼，妳就該努力去完成。反之，若那樣的可能性極低，妳本身也不具那樣的熱情的話，那麼這個社團對妳而言，就當做「已經結束的一個地方」、「回憶中的一段」就行了。

妳的人生並不是為過去而活，而是為了今後而活，因此妳應該重新去尋找自己想要的社團才對！

同學會的情形也一樣。曾經一起分享經驗的同班同學，經過歲月洗禮，人也會變。在合唱團或球賽中一起流汗一起流淚的年輕女孩，如今若是變成頑固保守的歐巴桑，那也是沒辦法的事。把回憶當回憶珍藏就好，把眼前的歐巴桑硬套在往昔那年輕美好的朋友身上，只是為難彼此罷了。

如果妳已經明白聊天內容會無趣而不開心，那就別參加，僅送上祝福就好。如果當中有幾個人和妳談得來，何不就和他們愉快地聊天呢？就算乾脆離開換個地方也沒什麼不可啊！

參加社團也好，參加同學會也好，都是人生中的寶貴時光。如果這些時光不能對自己產生價值，那麼就該「整理」一下了。

泛泛之交，也要「整理」

年終年初的例行公事，就是寫和寄賀年卡、整理收到的賀年卡。有不少人覺得麻煩而乾脆不再寫寄賀卡，也有人改採電子賀卡或寫電子郵件。無論如何，過年時寄來的厚厚一疊賀年卡，可以視為至今人際關係的縮影，因此不能漠不關心。

只不過，這些卡片來到四十歲人的面前——「嗯，該怎麼辦好……」這種令人困惑的情形愈來愈多了。收到的卡片中，有不少都是下列這種令人不如如何處理是好的明信片。

＊已經超過十年沒見面也沒說過話的人寄來的賀年卡。

＊雖然在學校或工作上有接觸過，可其實沒什麼印象的人寄來的賀年卡。

＊三天以後才收到的卡片。

妳會和某人互寄賀年卡，表示妳和那人都想讓對方知道自己的近況吧！你們的關係也應該是會長久維繫下去，一有機會就會見面聊天才對。

若是很遺憾，你們之間此後就沒再碰面也沒有聊天的機會，而且對彼此的記憶也逐漸淡忘的話，那麼年終接到對方寄來的賀年卡時，不由得納悶「為什麼這個人還會寄卡片給我？」或者，每當妳要寫賀年卡便心生猶豫的話，很可能對方也有同樣的感覺……。

我們不妨用這樣的方式來思考：「那個人如果住在附近，我會現在就去向他拜年嗎？」答案若是YES，那麼即便最近疏於往來，也要繼續寄賀年卡；答案若是「？……不確定呢！」那就別寄了吧！說不定對方也會鬆了口氣呢！

只不過，有些人即使疏於往來，最好還是盡可能寄賀卡給他，例如，妳透過別人得知對方正處在以下的狀況時——

＊家人過世，或是離婚後目前獨居的人。
＊本人或他的家人正在與疾病搏鬥。
＊正在努力對付重大難關的人。

對這樣的人，一張賀年卡或許能帶來小小的力量，因此還是寄出卡片表達關心比較好。如果對方有家人有工作，也有很多朋友，終日忙忙碌碌的話，你們的關係隨著疏於往來而自然疏遠，也沒什麼不合宜吧！

✶ 無論幾歲都能交到朋友

從現在起，無論妳要挑戰什麼新事物，恐怕都會面臨一個新的不安——

「到了四十歲，不太容易交到新朋友了吧！……」

的確，孩子的朋友的媽媽，說到底還是「媽媽朋友」，話題總是繞著小孩、先生打轉，不太稱得上是自己的「朋友」。就算妳工作上交遊廣闊，也會互相邀約吃飯或參加活動，但要再進一步成為工作以外的朋友，總是讓人心生顧忌。

事實上，很多人和學生時代的友人就算十年沒見，也只要五分鐘便能如從前般話匣子一開就聊個不停，但進入社會後，就不太交得到能稱為「朋友」的人了。

不過，並不需要擔心。因為不論到幾歲，都能交到朋友的！只是，「關係」和年輕時可能不太一樣了。

年輕時，總認為朋友就是「經常在一起」的人。在一起的時間愈長，感覺就愈像朋友。但四十歲已經是大人了，有工作、有家庭責任，不能再像高中女生那樣整天黏在一起了。因此，四十歲的友情，就會變得淡如水吧！

或許不會整天打電話、寫電子郵件，但一年見個幾次面，見面時很放心、有分寸、能夠說想說的話，這樣的友情是屬於四十歲的。

回到我自己。我的朋友並不多，更不會有經常泡在一起的朋友。這為數不多的朋友中，有四十歲以後才交到的朋友，有因為孩子的關係而認識的人、因為工作而認識的人、因為興趣而認識的人，而且都和學生時代的朋友一樣，大家相處得愉快又自在。我打心底敬重每一個人，他們都是很棒的朋友。

四十歲的友情，關鍵在於「共感」和「敬重」。由於已經不是高中女生了，不可能因為「住得近」、「（孩子）就讀同一所學校」就成為好朋友。因此若碰到某個人讓妳覺得「那人很不錯呢！」，就主動和他聊幾句吧！如果談得投機，就一定能成為好朋友的！

向年長的朋友學習

也不知為何，女性就是比較喜歡和自己年齡、性向都相仿的人交往，不過，從比自己年長的女性朋友身上，才能學到許多從同年齡層的人所學不到的事。如果妳有認識年長女性的機會，請務必向她們多多請益。

我就有大我十五歲的朋友，也從她那裡獲益匪淺，例如從電影、戲劇和文學等我個人興趣的領域，到烹飪、時尚、室內裝潢，她比我大上一輪，因此在這些方面的涵養更豐富，也具有上一代人那種偏向穩重的品味。她還介紹許多地方和店家給我，都是我自己沒去過的、之前覺得很稀奇罕見的。

還不只如此，當我對未來感到迷茫時，

「（在我這個年齡時）她是如何度過的？」

「（在我這個年齡時）她的選擇是什麼？」

這些答案，有些是間接知道的，每每都能幫助我做抉擇。換句話說，我把這位朋友當成我的人生範本了。

「我能和妳成為好朋友，就是因為我們的年齡有一段差距。要是年齡差不多，總會互相比較或嫉妒不是嗎？女人嘛！年齡有差，就不會那樣了！」

原來如此。她說的沒錯！我對其他朋友不能說的話，在她面前都能坦率地說出來，而她給我的建議，我也都能欣然接受。很可能就是她所說的，是因為我們年齡有段差距的關係。

於是，透過她，我又認識了幾位比她更年長的朋友。說到比我大上二十到三十歲，或者大更多的女性，那不就是我母親那個世代嗎？從她們身上，當然能夠學到很多東西囉！

我還記得其中一段與T女士的對話。我在三十歲時經常找T女士聊天，當時她已經年紀很大了。T女士出生於大正時代橫濱的一家貿易商，畢業於費利斯女學院大學，曾在丸之內工作，在那個年代，她是走在時代尖端的時髦女性了。我曾聽她說：「在我工作的那個年代（戰前），我會在星期天搭計程車從橫濱到銀座，在資生堂吃飯，然後到伊東屋買東西，只要五圓就夠了。」

一九九〇年代，T女士已經八十多歲了，當時有一部電影《失樂園》造成轟動。這是一部描寫成人婚外情的電影，在當時引爆話題。T女士也跟著年輕友人去看了。

「咦？T奶奶，您也看了那部電影啊?!」

「是啊！大家都看了不是嗎？每個人都在談啊！」

「……那麼，您、您覺得怎樣？」

被我這麼一問，T女士刷地臉紅起來。

「嗯，小鹿亂撞呢！」

即便到了八十歲，女生對戀愛仍會小鹿亂撞。

身為前摩登女郎，T女士總是打扮得很漂亮，美麗的白髮讓有品味的美容院梳理得宜。見到這樣的人生「大前輩」，讓人不但不害怕變老，還更容易想像出自己理想中的老年模樣，也會覺得老年應該是快樂而豐足的。

只要仔細觀察身邊的年長女性，就能找到自己未來的人生範本，而要找到反面教材也很容易。當然，女演員、作家、文化人都可以，就算是古人、就算是和自己完全不同類型的人，全都值得參考或做為借鏡。

我所羨慕的五十歲以上的女性，是具有高雅氣質的演員夏木麻里和石田繪里。「我想要像她們一樣！」將憧憬中的年長女性當做自己未來的範本，是讓四十歲的我們過得更加充實的重要功課！

CHARTER 6

「時間」比什麼都重要

四十歲的每一天都不是綵排，都是正式演出。不但不能重來，就算重來也太浪費——時間沒那麼多！勇於探索未知的世界，用美妙的時光來犒賞自己吧！

思考自己的「耐用年限」

年輕時，當面對新的事情，或者思考未來時，總會想到：

「十年以後會如何呢？」

「再過十年，會好到什麼程度呢？」

十年時間應該會有一個成果出來，因此可以這麼想。

然而，到了四十歲，就會隱隱約約覺得「十年」，已經和二十歲、三十歲的十年不同了。十年就像一年似的！即便和二十歲、三十歲時一樣努力，也未必能達到相同的成果。

從前經常通宵工作，或者在深夜做什麼事，但四十歲的現在，即使被逼也做不來了，因為注意力無法集中，昏昏沉沉之下做出來的東西根本不行，結果還得重來一次。

正在折舊中

會計用語上有個「耐用年限」，指某項資產可以被反覆使用的年限，這是稅務上的數字，和實際可使用的年限不同。好比說，混凝土構造的建築物實際可使用半世紀以上，但在耐用年限表中，據說「鋼骨鋼筋混凝土構造的建築物」，其耐用年限為三十年。

套用在自己的人生上，便不由得感到，我們正處在折舊中、逼近耐用年限的狀態！儘管並不覺得人生就要結束了，可也著實不認為我們的身體功能可以健全地發揮到生命終了為止。我正在善用我的生命良能嗎？人也一定有耐用年限啊！因此，對四十歲而言，時間的意義與重要性，都和年輕時截然不同了。

已故的演員兼散文作家澤村貞子女士，寫了很多關於「每日的飲食」文章，其中一篇寫道：「和年輕人不同，我們每一次的飲食都極為重要。我們要好好珍惜寶貴的飲食時光。」

我讀到這段文字是在二十歲時，當時心想「一上了年紀，連吃個飯都要想那麼多，真是辛苦啊！」但轉眼，我已經到了對這句話有切身感受的年紀了。

飲食自然不在話下，其實四十歲的每一天都不是綵排，都是正式演出。不但不能重來，就算重來也太浪費——時間沒那麼多！

我所指的「不要浪費時間」，和商業書籍中所寫的「毫不浪費地有效利用每一分每一秒」有點不同，我強調的是「如何享受能夠有效利用的剩餘時光」。

人啊，不會因為是四十歲，就沒有準備不足或失敗這種事，恐怕一生中都很難避免吧！但，這不正好嗎？到了四十歲，不會再像年輕時那樣老是為失敗而愁眉不展，可以很快轉換心情，客觀地檢視失敗後的自己，然後正面看待。

因此，四十歲既然了解到時間比什麼都重要了，就可以把日常生活中的每一件瑣事，都當成快樂的來源了。

用時間來犒賞自己：一個人的旅行

到了四十歲，更深刻了解到珍惜時光的真諦。不過，「珍惜時光」具體而言指的是什麼呢？我們經常說：「要犒賞自己。」這句話是用於自己一直很努力，或是老得不到別人的獎勵時，就自己獎勵自己，有時也有那麼點「辯解」的意味。

這個「給自己的犒賞」，最常出現的是什麼東西呢？

＊ 當做零食來犒賞自己的便利超商新推出的甜點。

＊ 在車站商店街購買的好可愛的香氣怡人的雜貨。

✳在網路上不知不覺就敗下去的只要半價的裙子。
✳最喜歡的卡通人物的限定版馬克杯。
✳在二手商店大量蒐購的韓流DVD。

只不過，這種「犒賞」一多，就不怎麼有效了。我們每天都生活在工作和人際關係的壓力下，要脫離壓力是不可能的，如果這種「犒賞」的間隔變短，就會變成「犒賞」氾濫。再加上這些多半是隨便一個一個買下來的小東西，又能三不五時地買，只要一留意，便會發現家中竟有一大堆這種為了安慰而給自己的「犒賞」了！如果放著不整理，又會讓人心浮氣躁起來。

明白這種循環後，就該改變一下對自我的「犒賞」了吧！

到了四十歲，與其給自己東西，何不給自己「時間」呢？時間不像東西一樣會留下來，不需要收納、不需要整理，也不會沾滿灰塵。

用時間來犒賞自己，例如，戲劇或音樂劇等舞台藝術。是娛樂活動中最最奢侈的一種享受了。到了四十歲，不光是看電影和 DVD，到舞台現場觀賞戲劇演出的時間也相當寶貴！

當然，也包括現場演奏和演唱會等音樂空間！年輕時常常跑的展演場館，何不再去一次？年輕時膽怯不前的古典音樂廳、歌劇院，現在應該多多親近才對！

從前到美術館和博物館時總是匆匆地走馬看花，現在何不仔細地觀賞呢？

可以選擇自己喜歡的題材，也可以參加演講和研究會來吸收新知識。

交通網絡完善，旅行十分方便。就算沒有同伴，現在也有很多迎合單獨旅行者的住宿設施。不要再等「如果有時間的話」，只要有個兩三天，一個人也行，旅行去吧！

如果妳是運動掛的，就把停了好久或者嚮往已久的運動，拿來當做對自己的最高犒賞吧！登山、滑雪、衝浪、帆船、跳水等，四十歲，做這些事都還很來得及。

優雅的時間、做做夢的時間、興奮的時間、思索的時間。送給自己一些之前不曾享受過的時光，從現在起，就用美妙的時光來犒賞自己吧！

勇於探索未知的世界

我的鄰居N小姐，個性嫻靜溫婉，但這陣子突然聽她說迷上「跑步」，嚇了我一大跳。她早上做完家事就直奔健身房，跟著教練做伸展操或瑜珈柔軟身體後，就在跑步機上專心跑步。一次輕輕鬆鬆就能跑五到十公里，而且有時上完健身房後，還會到附近的步道繼續跑。她的身材苗條，從背後看上去就像個二十歲的年輕女生！

「N小姐，妳學生時代是田徑選手嗎？」我問她。

她猛搖頭說：「才不呢！我完全是文學掛的，『跑步』這事我根本就不碰！但有天我心血來潮，就開始跑了，才發現跑步真快樂……」

「妳從什麼時候開始跑的？」

「喔！四十歲以後……」

N小姐現在經常報名跑十公里馬拉松或半馬，而且跑完全程。她的願望是到檀香山跑全馬。

年輕時的我，總認為「四十歲的歐巴桑」就是一些只關心家事、照顧孩子和電視綜合節目的無趣的人。原來我錯了！

其實不管四十歲、五十歲，快樂的事還是會很快樂，美麗的事仍會覺得很美麗。也許你認為年紀大的人大概對什麼都提不起勁，可往往從他們本人的眼光看來，這世界依然十分新鮮有趣！

或許到了四十歲，孩子大了，家事和工作上都較有餘裕，因此他們突然對之前放棄的或不太關心的事提起熱情，也是很自然而然的事。

雖然沒N小姐那麼厲害，但我也是到了總算把孩子拉拔大了的這個時候，才突然意識到自己其實是戶外派的。

拿爬山來說，從前我總覺得「這有什麼好玩的？」可到了四十歲後，才發現爬山原來這麼棒啊！我也不太會游泳，但對浮潛的美妙眼睛一亮，也是最近的事。跑步的樂趣，我也是四十歲以後才知道。這全是因為我一直不擅長運動，就認為自己屬於室內派，才沒發現到這些。原來我雖然是個運動白痴，可很喜歡在野外生活呢！

像這樣發現到自己都不知道的自己，然後向未知的領域踏出一步，這種體驗最叫人血脈賁張、直樂到最高點了！

「為什麼我之前都沒發現這個世界呢？……」懷著遺憾心情的同時，「可我現在發現了！真棒極了！現在可以好好享受了！」也抱著感恩的心情。

即將迎接四十歲的人、或是已經迎接四十歲的人，如果妳覺得：「未來的人生，就只是過去的不斷重複？就沒有什麼好玩的事情了嗎？……」那麼我要告訴妳，現在就灰心喪志，太早了、太早了啊！未來的人生，也許還埋在寶山裡呢！

因此，若妳老覺得提不起勁，不管怎樣，什麼都行，找一件新的事情來挑戰一下吧！尤其是之前敬而遠之的、從沒接觸過的，就去做做看吧！何不就從這個決心開始──「有人找的話，我就去！」

CHARTER 7

健康總整理

年輕時，覺得年輕就是本錢，什麼都可以去嘗試，等到有了年紀後，能夠去做的事就會變少。現在才發現，根本沒那回事！不過再美好的夢想與計畫，沒有健康的身體，一切都是白搭！

✶ 做好預防，進行健康檢查

三十歲時，一來沒時間，二來也不確定自己的人生將何去何從是好，可四十歲不一樣了，四十歲較有餘裕，已經明白自己能與不能夠的事，於是可以捨去不能夠的，集中心力在能完成的事情上。就是因為到了四十歲，才反而有更多具體「想做的事」！請投注精力，盡情實現人生夢想吧！不過，再美好的夢想與計畫，沒有健康的身體，一切都是白搭。到了四十歲，時不時耳聞周遭人為健康煩惱著，因而才了解到「健康」的重要性。

女性一般都很關心健康，因此年紀愈大就會愈注重飲食養生。但和男性一起工作的人，即便知道養生的重要性，有時仍難免感到心有餘而力不足吧！比起從前，如今的工作模式更是人少事多，在工作量龐大的職場上班的話，很容易就把看病和健診擱在後面。然而，對於「醫療機構」，我們不該把它當成生了病才去的地方，而應該視為「還沒生病前，為了發現疾病」而去的地方才對啊！

我有一位朋友，她年輕時比誰都健康，但經濟泡沫化後，工作環境更形嚴峻，她撐下來了，並晉升到管理職。由於底下有幾個男性部屬，她便以身作則要求自己加班並提早上班。對公司而言，她是一名不可多得的員工，但不覺間把身體弄壞了，最後住院去。幸好住院的時間不長，那時她說：

「我雖然很愛我的工作，但公司並不能幫我。」

有了這層認識後，從此，她的人生態度變成盡量以「自己」為中心了。

沒生孩子的人要特別留意

對女性而言，有沒有過懷孕（生產）的經驗，也是維持健康的重要指標。由於生產會對女性的身體造成偌大負擔，因此也有一個好處，就是若能在一定期間內持續上醫院接受診察，就較容易提早發現婦科疾病。如果懷孕過數次，等於避掉風險的機會就多了。

相對地，沒有過懷孕（生產）經驗的人，尤其是對自己的健康充滿自信的人，往往要等到出現明顯的疾病症狀了才會發現，更遑論不能接受公司提供健康檢查的自由工作者或家庭主婦，風險自然增多。剛剛我提到的那名女性友人，據說就是因為沒有懷孕而去看婦產科的機會，才會沒提早發現疾病。

下決心創造自己的健康

注重保養

此外，上醫院接受診察之前，如果妳是四十歲，就該注意「身體的保養」。整脊、按摩、針灸、中醫、健身教練等，找個「生病之前可以詢問身體的不適」的人或地方，除了定期檢查，精神上也能放鬆些。

我的工作特徵是，愈忙就愈是坐著不動，於是因為運動不足和盯著電腦螢幕過久的關係，眼睛、肩膀和腰都承受著莫大的負擔。這是久坐辦公桌人的通病啊！

因此，最近我只要一過忙碌期，就會盡量去做針灸或整脊推拿按摩。三十歲時，妳能指望自己的體力和恢復力，到了四十歲，就不得不多留意身體的保養了！

N小姐在年過四十歲後才對運動感興趣，同時間，她也透過經絡推拿按摩而開始關心起自己的身體狀況。「學了跑步、瑜珈和伸展操等各種運動後，就會發現每一種運動都有它的原因，而且每一個都息息相關，真有趣！」她現在和年輕時不一樣，不會再毫無防範又不當地從事運動，而會在教練的指導下，用不傷害肌肉和關節的方式來運動。因此即使過了四十歲，身體仍確實改變了，而且更有體力。我之前也會偶爾想到就去跑個步，但聽她這麼說後，現在就改用更加安全且道地的「有氧踏步機」，也為了保護我的髖關節和膝關節而開始做伸展操。

有氧踏步機每天二十分鐘，伸展操十分鐘。看似時間很短，但可以日積月累。為了十年後還能享受登山和健走之樂，現在就要好好儲存身體的本錢。

後記

就在本書撰稿完畢，正在來回校稿的二〇一一年三月十一日，發生了東日本大震災。

電視畫面不斷傳來令人難以置信的景象，以及接踵而來的停電停水、交通大癱瘓。一連好幾天，馬路上全是無家可歸的難民，各種社會功能在一瞬間停止，連許多住在東日本但不在受災地區的人們也深受其害。

沒多久就發生了速食食品和乾電池被收購一空、汽油短缺現象。

緊接著實施限電措施後，民眾擔心物資不足，便開始囤積衛生紙、面紙、生理用品等。

我小時候曾經歷過第二次石油危機，以及隨之而來的大量搶購現象，那時候我的父母親不為所動，完全沒有任何囤積行為。當時將這些看在眼裡的我，在遇到這次的災難時，也就能夠不瘋狂搶購而平靜地過日子。

沒米的話，就吃乾麵、麵粉、豆類都行，沒面紙的話就用布，沒衛生紙的話就用水，代用的方式可以有好多種。只要能意識到不靠「東西」過生活，那麼身處危機狀況時，這個不拘泥於「東西」而能靈活應變的意識就非常受用了。

更重要的是，在震災後的亂象中，有個問題浮上檯面，值得省思──

「真正重要的是什麼？」

無論再怎麼昂貴的東西，無論再怎麼蘊涵深刻回憶的東西，一旦到了逃命關頭，全都帶不走。

怎麼也丟不掉的東西，絕對需要它幫助的東西，沒有就活不下去的東西，到底是什麼呢？

到了所謂的四十歲，若能注意到這些，我認為此後的人生，就能更加珍惜生命而過得更為精彩。

宅在家，多自在：從今天起，過簡單的自在生活／金子由紀子作；林美琪翻譯．-- 二版．-- 臺北市：時報文化出版企業股份有限公司，2021.02
面；　　公分 --（人生顧問；410）
譯自：40歳からのシンプルな暮らし
ISBN 978-957-13-8565-5（平裝）
1. 家政 2. 生活指導
420　　110000060

ISBN 978-957-13-8565-5
Printed in Taiwan.

人生顧問 410

宅在家，多自在：從今天起，過簡單的自在生活

40歳からのシンプルな暮らし

作者　金子由紀子｜**譯者**　林美琪｜**副主編**　謝翠鈺｜**封面設計**　林芷伊｜**美術編輯**　SHRTING WU｜**董事長**　趙政岷｜**出版者**　時報文化出版企業股份有限公司　108019台北市和平西路三段240號7樓　**發行專線**—(02)2306-6842　**讀者服務專線**—0800-231-705・(02)2304-7103　**讀者服務傳真**—(02)2304-6858　**郵撥**—19344724 時報文化出版公司　**信箱**—10899台北華江橋郵局第九九信箱　**時報悅讀網**—http://www.readingtimes.com.tw｜**法律顧問**　理律法律事務所　陳長文律師、李念祖律師｜**印刷**　勁達印刷有限公司｜**二版一刷**　2021年2月19日｜**定價**　新台幣280元｜缺頁或破損的書，請寄回更換

時報文化出版公司成立於1975年，並於1999年股票上櫃公開發行，
於2008年脫離中時集團非屬旺中，以「尊重智慧與創意的文化事業」為信念。